2018—2019年度
中国废旧纺织品综合利用
发展报告

Report on the Development of
the Comprehensive Utilization of
Textile Waste in China（2018-2019）

中国循环经济协会 ◎ 编

顾明明　赵　凯　赵国樑 ◎ 编著

中国纺织出版社有限公司

内 容 提 要

本书全面反映我国废旧纺织品综合利用领域的发展现状和成效进展，提出我国废旧纺织品的定义、分类、代码、分级质量要求等，总结我国废旧纺织品典型回收模式及综合利用产业发展现状，分析面临的主要问题和产业发展需求，梳理政策制度建设情况、标准规范制定和修订情况、试点示范建设情况，研究提出目前我国废旧纺织品综合利用重点技术及重点装备、骨干企业、主要产品和应用情况，展望废旧纺织品综合利用发展方向；此外还介绍了瑞典纺织行业循环经济领域的政策与实践。

本书可为国家及地方相关部门、行业组织、大专院校、科研机构、企业等提供参考。

图书在版编目（CIP）数据

2018—2019年度中国废旧纺织品综合利用发展报告 / 中国循环经济协会编；顾明明等编著. -- 北京：中国纺织出版社有限公司，2020.6

ISBN 978-7-5180-7282-8

Ⅰ. ①2… Ⅱ. ①中… ②顾… Ⅲ. ①废旧物资—纺织品—废物综合利用—研究报告—中国—2018-2019 Ⅳ. ①X791.05

中国版本图书馆CIP数据核字（2020）第058628号

责任编辑：范雨昕　　责任校对：寇晨晨　　责任印制：何　建

中国纺织出版社有限公司出版发行
地址：北京市朝阳区百子湾东里A407号楼　邮政编码：100124
销售电话：010—67004422　传真：010—87155801
http://www.c-textilep.com
中国纺织出版社天猫旗舰店
官方微博http://weibo.com/2119887771
天津千鹤文化传播有限公司印刷　各地新华书店经销
2020年6月第1版第1次印刷
开本：710×1000　1/16　印张：8.75
字数：115千字　定价：168.00元

凡购本书，如有缺页、倒页、脱页，由本社图书营销中心调换

2018—2019年度
中国废旧纺织品综合利用发展报告

编委会名单

顾　　问：赵　凯
主　　编：顾明明
副 主 编：赵国樑
编 写 组：顾明明　赵国樑　郭　燕　阳　华　唐世君　李书润
　　　　　王玉平　李　成　丁　雷　夏未锋　方　隆　杨膺鸿
　　　　　杨学军　尤青山　高洪国　芦晓帆　马　云　陈　曦

前　言

开展废旧纺织品综合利用是我国推动建立绿色低碳循环发展产业体系的重要实践，是我国大力推进节能减排和发展循环经济的有效支撑，是转变纺织工业发展方式、缓解资源环境瓶颈约束的重要内容，也是发扬中华民族传统美德、推广绿色低碳生活方式的重要抓手。因此，开展废旧纺织品综合利用具有重要的现实意义和深远的社会意义。

党和国家领导人在党的十九大报告中指出：推进绿色发展，加快建立绿色生产和消费的法律制度和政策导向，建立健全绿色低碳循环发展的经济体系，推进资源全面节约和循环利用，实现生产系统和生活系统循环链接。中共中央、国务院发布的《关于加快推进生态文明建设的意见》提出了"发展循环经济，鼓励纺织品等废旧物品回收利用"的重点任务。《中华人民共和国国民经济和社会发展第十三个五年规划纲要》指出"加快建设废旧纺织品资源化利用和无害化处理系统"的工作要求。国家发展改革委等14个部门发布的《循环发展引领行动》明确提出"推进废旧纺织品资源化利用，建立废旧纺织品分级利用机制；建设城市低值废弃物协同处理基地"的重点工作。工信部等3个部门发布《关于加快推进再生资源产业发展的指导意见》，提出"推动建设废旧纺织品回收利用体系，规范废旧纺织品回收、分拣、分级利用机制"。国家发展和改革委员会、住房和城乡建设部也发布《生活垃圾分类制度实施方案》，进一步提出生活垃圾中可回收物的主要品种包括废旧纺织品。既为我国废旧纺织品综合利用指明了方向，又为大力推进纺织行业可持续发展带来新的机遇。

近年来，我国废旧纺织品综合利用工作取得一定的进展，在分类回收、科学分拣、高效利用等领域，在规范发展、技术保障、市场拓展、政策引导、舆论宣传、模式构建、全民参与等方面都取得了一些成效，科技创新能力显著提高，废旧纺织品综合利用效率和水平稳步提升，经济、社会和环境效益进一步显现。

本书旨在全面总结我国废旧纺织品综合利用取得的成效，提出我国废旧纺织品的定义、分类、代码、分级质量要求等，总结我国废旧纺织品典型回收模式及综合利用产业发展现状，分析面临的主要问题和产业发展需求，梳理政策制度建设情况、标准规范制定和修订情况、试点示范建设情况，研究提出目前我国废旧纺织品综合利用重点技术及重点装备、骨干企业、主要产品和应用情况，提出废旧纺织品发展方向及前景展望；还介绍了瑞典纺织行业循环经济领域的政策与实践。本书的出版对深入理解和贯彻党的十九大精神，大力推进生态文明建设新思想，发展循环经济，助力"无废城市"建设，提升废旧纺织品综合利用产业发展水平具有重要意义。本书同时也可为国家及地方相关部门、行业组织、大专院校、科研机构、企业等提供参考。

本书中国内废旧纺织品综合利用的相关统计数据主要来源于国家发展改革委《中国资源综合利用年度报告》，环境保护部《环境统计年报》《全国环境统计公报》，住房和城乡建设部《中国城乡建设统计年鉴》《中国城市建设统计年鉴》和《城乡建设统计公报》，商务部《再生资源回收行业分析报告》，国家统计局《中国统计年鉴》等，以及相关公开发表的文献资料；本书的编制得到了瑞典驻华大使馆的支持，其中瑞典纺织行业循环经济领域的政策与实践部分的内容和数据来源于瑞典驻华大使馆及瑞典相关企业。本书中部分数据无法从现有统计体系中获得，编者根据经验参数和典型案例进行了测算。

由于废旧纺织品综合利用涉及行业较多、技术路线复杂、发展水平差距较大，限于编者水平，书中难免存在不全面和不完善之处，敬请广大读者批评指正。

作者

2020 年 1 月

目　录

第一章　综述 ⋯⋯⋯⋯⋯⋯⋯⋯⋯⋯⋯⋯⋯⋯⋯⋯⋯⋯⋯⋯⋯⋯⋯⋯ 1

　　一、纺织行业发展现状 ⋯⋯⋯⋯⋯⋯⋯⋯⋯⋯⋯⋯⋯⋯⋯⋯⋯⋯ 2
　　二、废旧纺织品的定义和分类 ⋯⋯⋯⋯⋯⋯⋯⋯⋯⋯⋯⋯⋯⋯⋯ 3
　　三、废旧纺织品回收及利用总体情况 ⋯⋯⋯⋯⋯⋯⋯⋯⋯⋯⋯⋯ 6
　　四、面临的主要问题和产业发展需求 ⋯⋯⋯⋯⋯⋯⋯⋯⋯⋯⋯⋯ 8

第二章　废旧纺织品回收情况 ⋯⋯⋯⋯⋯⋯⋯⋯⋯⋯⋯⋯⋯⋯⋯⋯ 11

　　一、政府主导的回收模式 ⋯⋯⋯⋯⋯⋯⋯⋯⋯⋯⋯⋯⋯⋯⋯⋯ 12
　　二、企业商业化回收模式 ⋯⋯⋯⋯⋯⋯⋯⋯⋯⋯⋯⋯⋯⋯⋯⋯ 16
　　三、发展趋势 ⋯⋯⋯⋯⋯⋯⋯⋯⋯⋯⋯⋯⋯⋯⋯⋯⋯⋯⋯⋯⋯ 19

第三章　废旧纺织品综合利用情况 ⋯⋯⋯⋯⋯⋯⋯⋯⋯⋯⋯⋯⋯⋯ 21

　　一、综合利用途径 ⋯⋯⋯⋯⋯⋯⋯⋯⋯⋯⋯⋯⋯⋯⋯⋯⋯⋯⋯ 22
　　二、重点技术及重点装备 ⋯⋯⋯⋯⋯⋯⋯⋯⋯⋯⋯⋯⋯⋯⋯⋯ 23
　　三、主要综合利用产品及骨干企业情况 ⋯⋯⋯⋯⋯⋯⋯⋯⋯⋯ 59

第四章　废旧纺织品综合利用政策制度建设情况 ⋯⋯⋯⋯⋯⋯⋯⋯ 65

　　一、政策规划发布情况 ⋯⋯⋯⋯⋯⋯⋯⋯⋯⋯⋯⋯⋯⋯⋯⋯⋯ 66
　　二、标准、规范制定和修订情况 ⋯⋯⋯⋯⋯⋯⋯⋯⋯⋯⋯⋯⋯ 79
　　三、试点示范建设情况 ⋯⋯⋯⋯⋯⋯⋯⋯⋯⋯⋯⋯⋯⋯⋯⋯⋯ 84
　　四、政策制度建设情况分析 ⋯⋯⋯⋯⋯⋯⋯⋯⋯⋯⋯⋯⋯⋯⋯ 88

第五章　废旧纺织品综合利用发展方向及前景展望 …………… 91

　一、发展前景 ……………………………………………………… 92
　二、工作建议 ……………………………………………………… 93

第六章　瑞典纺织行业循环经济领域的政策与实践 …………… 97

　一、政府的政策 …………………………………………………… 98
　二、主要技术及项目进展 ………………………………………… 108
　三、企业实践 ……………………………………………………… 113

参考文献 ……………………………………………………… 127

第一章

综述

一、纺织行业发展现状

近年来，我国纺织行业始终保持平稳发展态势。2018年，规模以上纺织企业主营业务收入达到53703.5亿元，占全国规模以上工业的5.3%；全行业净创汇2501.9亿美元，占全国71.1%。

（一）生产能力跨越式发展

2018年，我国纤维加工总量约5460万吨，约占全球纤维总量的55%，如图1-1所示；化学纤维产量突破5000万吨，占全球化纤产量的2/3以上。作为世界第一纺织大国，我国纺织工业经济总量占全球的50%以上，2018年，我国纺织品服装出口额达2767.3亿美元，占全球纺织品服装贸易比重达36%以上。不仅有效满足我国占全世界1/5人口、约占全世界1/3的纤维消费需求，还为其他国家提供了2000多万吨的优质纤维制品，成为支撑世界纺织工业体系平稳运行的核心力量和推进全球经济文化协调合作的重要产业平台。

图1-1 我国纤维加工总量

（二）形成健全的产业体系

伴随着制造规模的扩大，我国纺织产业链不断延伸，逐步形成全世界最为完善的现代纺织制造产业体系之一。从上游纤维原料供应、设计研发，到织染加工、服装、家用、产业用终端产品制造、纺机装备配套等，产业链各环节制造能力与水平均居世界前列。2018年，在我国三大终端产品纤维消费比重为45∶27∶28，门类齐全、品种丰富、品质优良、结构优化的现代纺织产业体系优势全面显现。纺织工业经过多年发展，成为我国为数不多的具有全产业链闭环创新能力的工业部门。完备的基础设施和产业配套使得产业链上下协同、产业间协作具有良好的基础和巨大的发展空间，也铸就了我国纺织行业体系化突出的竞争优势。

（三）科技创新提升产业水平

我国纺织行业创新水平不断提高，纤维材料技术大踏步前进。国产大容量化纤成套技术持续发展，到"十二五"末，日产200吨涤纶短纤成套设备和年产40万吨差别化聚酯长丝成套设备已进入产业化阶段。差别化、功能性纤维开发能力提升。高性能纤维也取得重大突破，碳纤维、芳纶等一批纤维自主技术进入产业化阶段，超高分子量聚乙烯等品种进入国际市场。"十三五"以来，全数字化棉纺成套设备已完成产业化研发，纺织、染整工艺技术不断创新，面料供给能力大幅提升。我国纺织面料总体自给率超过95%，服装出口一般贸易比重提高到2018年的75.2%。产业用纺织品加工水平提高，广泛应用于医疗卫生、过滤、土工建筑、安全防护、结构增强等领域，为国民经济相关领域发展做出积极贡献。

二、废旧纺织品的定义和分类

（一）定义

废旧纺织品指生产和使用过程中被废弃的纺织材料及其制品，包括废纺织品和旧纺织品。废纺织品指纺织材料及其制品在生产加工过程中（如纺丝、纺纱、织造、印染、裁剪等工序）产生的废料；旧纺织品是指被淘汰的纺织制品，包括服装、家用纺织品、产业用纺织品及其他纺织制品等。

（二）分类与代码

根据国家标准《废旧纺织品分类与代码》（GB/T 38923-2020），按照废旧纺织品的来源，废旧纺织品分为废纺织品和旧纺织品两类。按照材质不同，废纺织品分为棉类废纺织品、毛类废纺织品、涤纶类废纺织品、锦纶类废纺织品、腈纶类废纺织品、其他类废纺织品、混料类废纺织品。旧纺织品分为棉类旧纺织品、毛类旧纺织品、涤纶类旧纺织品、锦纶类旧纺织品、腈纶类旧纺织品、其他类旧纺织品、混料类旧纺织品。

（三）分级与质量要求

按照废旧纺织品的不合格物含量、成分含量，将各类废旧纺织品进行分级，具体分级指标及质量要求如表1-1～表1-8所示。

表1-1　旧纺织品外观分级指标及质量要求

序号	指标	质量要求			
		一级 （01020001）	二级 （01020002）	三级 （01020003）	等外品 （01020099）
1	描述	经洗净、消毒，干爽、无污渍、无损伤、不起毛球、无明显褪色、配件配饰齐全	经洗净、消毒，污渍、损伤较少	尚具有使用价值的各类纺织品的混合物	没有使用价值
2	建议用途	再利用			再生利用

表1-2　棉类废旧纺织品分级指标及质量要求

序号	指标	棉类废纺织品质量要求			棉类旧纺织品质量要求		
		一级 （01010101）	二级 （01010102）	三级 （01010103）	一级 （01020101）	二级 （01020102）	三级 （01020103）
1	不合格物含量（%）	≤ 0.1	≤ 2	≤ 3	≤ 5	≤ 10	≤ 15
2	棉纤维含量（%）	≥ 90	≥ 85	≥ 80	≥ 85	≥ 80	≥ 75

表 1-3　毛类废旧纺织品分级指标及质量要求

序号	指标	毛类废纺织品质量要求			毛类旧纺织品质量要求		
		一级 (01010201)	二级 (01010202)	三级 (01010203)	一级 (01020201)	二级 (01020202)	三级 (01020203)
1	不合格物含量(%)	≤1.5	≤3	≤5	≤5	≤10	≤15
2	毛纤维含量(%)	≥70	≥70	≥60	≥70	≥70	≥60

表 1-4　涤纶类废旧纺织品分级指标及质量要求

序号	指标	涤纶类废纺织品质量要求			涤纶类旧纺织品质量要求		
		一级 (01010301)	二级 (01010302)	三级 (01010303)	一级 (01020301)	二级 (01020302)	三级 (01020303)
1	不合格物含量(%)	≤0.1	≤1.5	≤10	≤1.5	≤3	≤15
2	涤纶含量(%)	≥99	≥95	≥65	≥95	≥90	≥65

表 1-5　锦纶类废旧纺织品分级指标及质量要求

序号	指标	锦纶类废纺织品质量要求		锦纶类旧纺织品质量要求	
		一级 (01010401)	二级 (01010402)	一级 (01020401)	二级 (01020402)
1	不合格物含量(%)	≤0.1	≤5	≤1.5	≤10
2	锦纶含量(%)	≥95	≥60	≥90	≥60

表 1-6　腈纶类废旧纺织品分级指标及质量要求

序号	指标	腈纶类废纺织品质量要求		腈纶类旧纺织品质量要求	
		一级 (01010501)	二级 (01010502)	一级 (01020501)	二级 (01020502)
1	不合格物含量(%)	≤5	≤10	≤10	≤20
2	腈纶含量(%)	≥75	≥50	≥75	≥50

表 1-7　其他类废旧纺织品分级指标及质量要求

序号	指标	其他类废纺织品质量要求		其他类旧纺织品质量要求	
		一级(01010601)	二级(01010602)	一级(01020601)	二级(01020602)
1	不合格物含量(%)	≤5	≤10	≤10	≤20
2	主要材质含量(%)	≥75	≥50	≥75	≥50

表 1-8　混料类废旧纺织品分级指标及质量要求

序号	指标	混料类废纺织品质量要求			混料类旧纺织品质量要求		
		一级(01019901)	二级(01019902)	三级(01019903)	一级(01029901)	二级(01029902)	三级(01029903)
1	不合格物含量(%)	≤1	≤10	≤20	≤1.5	≤15	≤40

三、废旧纺织品回收及利用总体情况

近年来，随着我国转变发展方式步伐加快以及国家促进废旧纺织品综合利用各项相关政策的出台，废旧纺织品综合利用行业的规模日益壮大，技术有所突破，资源环境效益逐步显现。

（一）国家产业政策支持废旧纺织品回收利用，引导扶持与规范整顿并重

国家在废旧纺织品回收利用领域实施政策"组合拳"。一方面，"十二五"以来，国家发改委、工信部、财政部、民政部、住房和城乡建设部、商务部等国家部委出台多项废旧纺织品回收利用的利好政策。《循环发展引领行动》《关于加快推进再生资源产业发展的指导意见》等文件提出"建立废旧纺织品分级利用机制；建设城市低值废弃物协同处理基地""推动建设废旧纺织品回收利用体系，建设10家废旧纺织品及废旧瓶片综合利用规范化示范项目"的工作要求；并且通过增值税和所得税减免、中央预

算内项目资金支持、试点示范建设等方面对行业进行扶持和引导。另一方面，国家进一步加大环保执法力度，限制洋垃圾进口，清理整顿国内废旧服装集散市场、加强环保督查、分类征收环保税，规范国内废物加工利用产业发展。废旧纺织品回收利用行业在国家宏观政策的支持和规范下，积极构建废旧纺织品回收、分拣、拆解、加工、利用产业链，逐步实现规范化和规模化发展。

（二）形成典型废旧纺织品回收模式，综合利用关键技术产品有所突破

我国废旧纺织品主要有城市生活垃圾回收、再生资源回收、企业商业化回收和公益慈善回收，形成具有中国特色并遍布各大城市的回收网络。废旧纺织品综合利用也取得积极进展：纯涤类废旧纺织品综合利用实现产业化应用，成为全球最大的再生涤纶产业；建成年利用5万吨废旧纺织品生产汽车内饰和空调外壳生产线。我国成功研发具有自主知识产权的废旧纺织品生产高性能复合聚酯合金塑料、防水卷材、非织造布、石油钻井助剂、墙体保温材料、生态修复材料等技术及产品，市场附加值高，并且达到国际先进水平；还成功引进自动化分拣、精细开松、气流成网、化学法生产再生涤纶等国际先进技术装备。

（三）废旧纺织品成为各行业原料的有效补充，具有良好的环境和社会效益

中国是纺织工业大国，近年来纺织工业发展迅速，2018年，我国纤维加工总量约5460万吨，年产生超过2000万吨废旧纺织品，废旧纺织品综合利用率低于发达国家。2018年，中国废旧纺织品综合利用量约为380万吨，综合利用率约为19%，相当于节约原油481万吨，节约耕地431万亩。据测算，如果中国废旧纺织品综合利用率达到60%，年可产出化学纤维约940万吨、天然纤维约470万吨，相当于节约原油1520万吨，节约耕地1360万亩，将有效缓解纺织工业资源紧缺问题。

四、面临的主要问题和产业发展需求

（一）面临的主要问题

1. 回收行业管理粗放

目前国内废旧纺织品回收行业缺乏健全的市场交易规则和监管体系，整个行业管理粗放。社会上存在着大量的流动收购人员，据不完全统计，各大、中城市都有几万到十几万人的收废品大军，回收市场有待规范，市场秩序有待完善。

2. 再生利用技术水平不高

再生利用企业使用落后工艺的家庭作坊较多，技术水平偏低、产品附加值不高，没有形成规模生产和集群效应。受效益、技术等因素影响，回收利用企业之间尚未形成可持续的上下游产业链。

3. 缺乏相关的标准和规范

目前我国尚缺乏废旧纺织品回收、运输、储存、分拣、消毒、综合利用、再利用和再生利用的标准规范以及二手服装回收、整理、消毒、检验、储运、标识、出口、捐赠、交易的标准规范，还亟须确定行业准入门槛和完善产品认证体系。

4. 缺少顶层设计和配套制度

现阶段，我国废物回收及利用相关的法律法规、政策制度尚缺乏针对废旧纺织品综合利用的内容，暂时无法满足废旧纺织品回收及利用的产业需要。国家已出台的少量废旧纺织品相关的税收优惠政策主要倾向于再生利用企业，且在执行过程中仍有一定难度，更加缺少对回收环节的激励措施。

5. 二手服装利用尚未提上日程

由于人民生活水平的提高和消费理念的转变，一方面废旧服装库存快速增长，另一方面旧服装消纳能力逐渐萎缩，缺少正规的交易渠道；欠发达地区普遍不愿接受捐赠旧衣物，导致有关部门在扶贫、救灾等工作中也以捐款方式代替捐物方式，大量捐赠被装积压在民政系统的捐助站点和储备仓库。

6. 大量制式服装缺乏有效出路

据初步测算,我国统一着装部门和行业制服工装年废弃量超过100万吨,由于相关规定和安全等因素,制服、工装、校服等制式服装均未得到有效利用,需要明确有效的再生利用途径。

(二)产业发展需求

1. 强化政策引导

(1)在《中华人民共和国循环经济促进法》修订内容中加入废旧纺织品回收及利用条款,为后续编制《废旧纺织品回收及利用管理办法》奠定基础。

(2)推行废旧纺织品分级利用,探索建设二手市场的体制机制,建设废旧纺织品综合利用试点园区、企业和项目,其中包括二手服装商店的区域试点。

(3)推动资源综合利用增值税和所得税目录的定期调整和落实。一是每两年对资源综合利用增值税和所得税目录进行调整;二是回收企业满足相应的行业准入条件后,回收企业按照小额纳税人的税率进行征收,资源综合利用企业享受特定税率。

2. 加强市场推广

(1)建立废旧纺织品综合利用标准体系框架,制定废旧纺织品回收利用、再生利用产品、二手服装交易及标识等系列标准,与纺织、农业、化工、汽车、石油、建材、建筑等行业做好衔接。

(2)确定废旧纺织品回收、消毒、分拣、开松、再利用和再生利用等要求,明确行业准入门槛。

(3)从产品认证及标识等角度,推广再生利用产品在社会生产生活中的应用。

(4)拓展我国实行生产者责任延伸制度的领域和范围,鼓励前端的服装和家纺品牌企业参与到后端的废旧纺织品综合利用过程中,联合废旧纺织品回收利用企业共同推动行业发展。

（5）加强废旧纺织品综合利用上下游衔接，构建回收利用全产业链。

（6）借助社会资金，形成废旧纺织品领域产业引导基金，满足企业融投资需求。

3. 提升大众观念

（1）加大宣传力度，强化民众的环保意识，对中小学、政府公务人员、社会各界等进行环境教育。

（2）鼓励行业内企业开展创意设计大赛，拓展废旧纺织品综合利用的产品类型，通过品牌企业门店展示、艺术作品展览等形式，唤醒大众的环保意识。

第二章
废旧纺织品回收情况

一、政府主导的回收模式

（一）生活垃圾回收形式

主要是借助政府力量，由专业回收公司将废旧衣物回收箱按独立垃圾分类模式投放到居民小区，回收公司定时将回收衣物运回仓库进行分类整理，将符合救助标准的旧衣服送往民政部门和慈善机构济贫帮困，或者将符合出口部分压缩打包运往国外援助欠发达地区，剩余部分进行综合利用。

1. 资源循环利用基地建设

资源循环利用基地建设是对废钢铁、废有色金属、废旧轮胎、建筑垃圾、餐厨废弃物、园林废弃物、废旧纺织品、废塑料、废润滑油、废纸、快递包装物、废玻璃、生活垃圾、城市污泥等城市废弃物进行分类利用和集中处置的场所。资源循环利用基地旨在将城市垃圾清运和再生资源回收系统对接，废旧纺织品被纳入资源循环利用基地集中处置范畴，在基地与其他品类可回收物进行协同处置，并加工利用成工业原料或产品，有效提高了废旧纺织品综合利用效率和水平，实现城市发展与生态环境和谐共生。50家入选的资源循环利用基地积极贯彻落实相关文件要求，积极推动相关品类废物分类利用和集中处置工作。

河北定州循环经济示范园区成为50个全国资源循环利用基地之一。定州循环经济示范园区于2014年6月开工建设，总投资400亿元，分两期实施。其中，二期总投资300亿元，重点引进国内国际最先进技术和最高端加工技术，重点建设废旧纺织品回收再利用区、废旧电池综合利用区、废旧电子电器高值化利用区、金属高值化利用区、橡塑高值化利用区、装配式产业集群、技术研发和成果转化中心等。

山东临沂入选50家资源循环利用基地。中国环保（临沂）生态循环产业园，是国内首家企业型"城乡固体废弃物资源化循环利用产业园"，规划建设20个入园项目，其中包括生活垃圾、餐厨垃圾、动物尸体、污泥、厨余垃圾、园林废弃物及木业边角料、废旧衣物7个城乡固废无害化、资源化终端处置项目。

浦江作为50家资源循环利用基地之一，构建废弃物资源转换利用平台，全县建成16座生态处理中心，日均处理会腐烂垃圾200余吨，产生有机肥效益300余万元；设立了大件垃圾、建筑垃圾、布料垃圾、水晶废料处置中心，2017年回收各类家具2000余件、消耗废砖土50余万吨、回收废木材20万余吨、废布料5万余吨、水晶废料9万余吨。

2. 生活垃圾分类体系建设

据报道，在世界各地，纺织废料约占城市固体废物（MSW）的1.0%~5.1%。每年约有1300万吨的纺织废料，被作为城市生活垃圾处理，造成了城市生活垃圾量逐年增长。

国家发展改革委、住房城乡建设部发布的《生活垃圾分类制度实施方案》要求，46个城市将先行实施生活垃圾强制分类，到2020年底，基本建立垃圾分类相关法律法规和标准体系；2025年前，全国地级及以上城市要基本建成垃圾分类处理系统。

按照国内目前出台的各地方垃圾分类有关文件及相关要求，废旧纺织品主要被归类为可回收物和干垃圾（其他垃圾）。

① 旧衣物属于可回收物。

② 旧的内衣裤和毛巾属干垃圾（其他垃圾）。

③ 餐巾纸、尿不湿等产业用纺织品属于干垃圾（其他垃圾）。

④ 卫生巾、面膜基本是棉和非织造布材质，由于是一次性使用，属于干垃圾（其他垃圾）。

⑤ 可降解材质，如莱赛尔环保纤维制作的面膜，同污损纸张一样处理，属于干垃圾（其他垃圾）。

⑥ 体积相对较大的大件垃圾，如家纺领域的床、床垫、沙发等，都要指定回收地点，不能投放在生活垃圾内。

（二）再生资源回收形式

2006年以来，商务部开展再生资源回收体系建设试点工作，目前已有3批共90个城市列入试点，运用中央财政服务业发展专项资金，支持试点城市新建和改扩建51550个网点、341个分拣中心、63个集散市场，同时支持了123个再生资源回收加工利用基地建设。废旧纺织品等再生资源在回收模式上也实现了不断创新，一批龙头企业依托或整合原有的回收网络，深入社区、学校、机关及企事业单位，成为回收体系的主力军；回收企业与生产企业积极对接，逐步探索和完善产业共生的回收模式；一些城市形成以回收站点为基础，分拣中心为依托，集散市场或者区域性的基地为核心，点面结合、三位一体的再生资源回收模式。

（三）公益慈善回收形式

以民政部慈善超市、中国青少年基金会希望义卖中心等公益组织为主体，广泛开展的旧衣物捐赠、义卖和再生利用活动，捐出的废旧衣物一是用于扶贫救困，送给经济欠发达地区进行再利用；二是进行义卖，鼓励大众进行再次穿着；三是将废旧衣物卖给综合利用企业进行再生利用。最后将二手服装和再生利用产品的销售收入用于公益慈善事业。

1. 政府购买服务的公益项目

为了充分调动社会组织参与社会服务的积极性，从2012年起，中央财政安排专项资金，支持社会组织参与社会服务。2013年以来，民政部从国家层面，每年预算资金2亿元，支持社会组织参与社会服务项目。

（1）地球站公益创业工程

地球站公益创业工程是在环保部指导下，由中国环境新闻工作者协会于2013年创办的环保公益项目。该项目于2013年4月22日启动，已在北京地区设立近400个闲置废旧物品收集站点，通过在建筑工地、爱心超市和各高校的义卖活动以及向20多个省市的直接捐赠等，受助人群达10余万人。回收的闲置物品涵盖服装、鞋、玩具、图书和电子产品等，其中，旧衣物占比最大，回收量累计超过1000t。地球站公益创业工程旧衣物回收渠道建设，主要通过以下三个途径：

一是，在北京市居民社区、学校、机关单位和企业投放家庭闲置废旧物品"收集箱"；

二是，与北京青年报合作，利用社区驿站，开展旧衣物回收工作；

三是，与北京隆庆祥服饰有限公司建立定向合作关系，每年获得企业捐赠的价值200万~300万元的西服等爱心物资,用于义卖和公益爱心活动。

2013—2016年度,中国环境新闻工作者协会已连续四年获得民政部"中央财政支持社会组织参与社会服务示范项目—承接社会服务试点项目（B类）"的资金支持。

（2）绿色社区服务示范项目

中国再生资源回收利用协会的"绿色社区服务示范项目",连续三年获得民政部"中央财政支持社会组织参与社会服务（社会工作服务示范项目C类）"资金支持。同时,中国再生资源回收利用协会"衣旧有爱"旧衣物回收项目,获得北京市2016年使用市级社会建设专项资金购买社会组织服务项目资金支持。

"绿色社区服务示范项目"是为了配合全国各省市开展"绿色社区"服务工作,促进城市再生资源合理化利用,倡导城市垃圾分类的生活理念,主要面向西北部地区社区,提供垃圾分类和资源回收的点对点服务,对旧纺织物、有色金属、废旧电池、电子元器件等再生资源进行分类回收,进而化解垃圾不分类对城市的污染及危害。开展专项回收活动期间,回收废旧衣物310798件,约37t；回收废旧电池8563节；回收废旧纸张约40t；回收废旧手机8012部；回收废旧玻璃约1700kg（含调料瓶、白酒瓶等废旧玻璃）。

（3）其他公益项目

北京市社会建设工作办公室自2013年起,每年向全市社会组织购买约500个服务项目,其中每年都有与旧衣物回收、改造、宣传相关的项目,涉及多家社会组织。例如,北京市家庭建设促进会的闲置旧衣物再利用节约环保家庭公益项目和"衣而再"青少年环保家项目；北京青少年发展基金会的"温暖衣冬"项目；北京市城市再生资源服务中心的北京市废旧衣物回收服务项目和废旧衣物回收倡导垃圾分类服务项目；北京市丰台区社会建设工作办公室的蓝衣社——社区少年志愿环保行动项目；北京市大兴区清源综合服务协会的"衣循环"项目等。

2.慈善机构

同心互惠商店为非营利机构,是北京工友之家文化发展中心下属社会企业。同心互惠以多渠道回收旧衣服,最初与高校大学生社团建立长期关系,定期举办募捐活动,有近60所高校100多个社团与同心互惠建立了定期合作回收关系。2011年开始,同心互惠和微软、LG、惠普、联想等企业建立合作关系,在这些公司里放置募捐箱。同心互惠还开通了捐赠热线、网络、微信平台等,爱心人士可以通过以上多种方式提前预约,由同心互惠的工作人员上门接受捐赠。分布在朝阳、海淀、通州的各个同心互惠商店都可以代收捐赠物,同心互惠还在北京市各区县都设有代收点。此外,同心互惠也接受邮寄捐赠。

二、企业商业化回收模式

(一)生产者责任延伸回收形式

2006年优衣库启动"全部商品循环再利用活动",向消费者无偿回收优衣库自己品牌的服装,回收的服装以二次穿着为主,不能再穿着的服装进行纤维材料再利用,或能源化(化学)利用,以减少对环境的影响。2011年,H&M也开始实施旧衣回收活动,通过向捐赠衣物的顾客发放优惠券的形式,回收所有品牌的服装。H&M回收的旧衣服主要根据纺织品品质,分为重新穿着、重新利用、循环使用及生产能源等类型,并将大部分可以再次穿着的服装捐赠给慈善机构救济贫困地区。

(二)回收箱回收形式

回收箱是废旧纺织品的主要回收渠道。在全国大中型城市,同时由几家企业在社区、机关、学校等场所投放废旧纺织品回收箱,回收废旧服装、鞋帽、箱包等,分别建立了衣衣不舍、衣旧情深、衣旧温暖等回收品牌。例如,上海市大熊猫旧衣物回收箱,是由上海缘源实业有限公司于2010年开始投放,也是中国最早在社区投放旧衣物回收箱的企业之一,大熊猫回收箱现已覆盖上海市各城区的社区、机关和学校。

1. 智能回收箱

随着风险投资公司进入废旧纺织品回收利用行业，促进了智能回收箱的研发、生产和投放。例如，北京盈创再生资源回收有限公司自主研发了旧衣物回收机；深圳恒锋资源股份有限公司也开发了旧衣物智能回收箱，并入选2017年商务部再生资源"创新回收模式案例企业"。

2. 多品类智能回收箱

自2017年8月至今，小黄狗智能垃圾分类回收机进驻33个城市，覆盖8469个小区，覆盖1175万户家庭，节约自然资源216194t，节约标准煤7346t，减少垃圾焚烧18366t，减少垃圾填埋34108t。

小黄狗智能垃圾分类回收机是由7个回收箱体和一个操作屏幕组成，如图2-1所示。其中，5个蓝色回收箱体分别回收金属、塑料、纺织物、纸类、玻璃等可回收物品，最右边的1个红色回收箱回收的则是有害垃圾。中间黄色回收箱配备一个操作屏幕，屏幕右侧则设有易拉罐和塑料瓶的自动投放口。

图2-1 小黄狗多品类智能回收箱

小黄狗通过大数据、人工智能和物联网等先进科技，实现对生活垃圾前端分类回收、中端统一运输、末端集中处理的"物联网+智能回收"新模式，旨在有效地将广大群众、废品回收商、再生资源产业、垃圾处理事业单位等有机整合。小黄狗智能垃圾分类回收机采取"物联网+回收"方式，回收机具有定位功能，用户可通过小黄狗手机 APP 查找附近的回收机，定点投放、自主分类。同时，通过对垃圾回收大数据分析、用户管理、智能回收设备监管等，小黄狗构建出一套全生态链的智能回收体系。

（三）互联网 + 回收形式

随着物联网、大数据的广泛应用，一些废旧纺织品回收企业开始搭建废旧纺织品第三方交易服务平台，创新回收模式。通过互联网线上服务平台和线下服务体系，两线建设，形成线上投废，线下物流的互联网 + 回收模式，目前出现飞蚂蚁、白鲸鱼、阿里巴巴闲鱼、京东公益等互联网回收平台，形成行业性、区域性、全国性的再生资源在线交易系统。

1. 飞蚂蚁

上海善衣网络科技有限公司的飞蚂蚁平台，是一个互联网环保回收平台，开创了线上预约，线下免费上门回收旧衣的全新模式，通过互联网的方式将线上和线下打通，让用户能够更便捷地参与到环保回收行动中。2014 年 10 月飞蚂蚁平台上线，用户可以在线预约，免费上门回收旧衣物，回收完成后飞蚂蚁平台会奖励相应的环保豆、优惠券以及环保证书。至 2018 年，飞蚂蚁已覆盖全国 300 个城市免费上门收衣。

2. 白鲸鱼

白鲸鱼是中国旧衣服网旗下的项目，2013 年 4 月白鲸鱼平台上线。通过平台预约免费上门回收、兑换商城代金券以及环保积分的方式鼓励全社会一起参与到旧衣零抛弃的行动中来。白鲸鱼的模式是利用 O2O 上门服务，把所有纺织品、衣物等聚集到各地的仓库，经过严格的分类、挑选、处理，使旧衣物可以 100% 被利用。白鲸鱼已在全国 90% 以上的地区开通回收业务，并免费上门取件。

3. 阿里巴巴闲鱼

2018 年 3 月，阿里巴巴旗下闲置交易平台闲鱼推出旧衣回收服务，三个月就让 500t 旧衣服得到回收和科学利用，相当于减少 1800t 碳排放。闲鱼联合专业回收机构上门取旧衣，并对旧衣进行科学分拣，分成不可穿戴和可穿戴两类。不可穿戴的经过处理工艺，生成纺织原料，而可穿戴的一部分经过消毒清洗用于爱心捐赠，一部分出口到非洲等贫困地区。在闲鱼参与旧衣回收，还能获得支付宝蚂蚁森林绿色能量，捐赠一次可得790g绿色能量。500t旧衣服所积累的绿色能量贡献，就能守护10万平方米的四川平武关坝自然保护区。

4. 京东公益

2017年3月，京东集团开发京东公益物资募捐平台，通过互联网进行废旧纺织品回收。京东公益开展多次闲置物资回收项目，平台下单，京东小哥上门回收，2206个京东配送站点、14851名京东配送员热情付出，共收得40万件闲置玩具、100万件闲置衣物，节约200t二氧化碳排放，相当于植树20万棵。京东公益回收的旧衣主要有三个利用途径：一是直接捐赠，九成新以上，没有明显污渍或破损的旧衣服，进行分拣、消毒、打包捐赠到有需要的人手中；二是环保处理，较为破旧的衣物将被拆解，处理成纺织材料，避免随意丢弃和焚烧造成的污染；三是公益捐助，处理旧物所得资金，捐助于贫困山区学生、残障人士及公益活动费用支出。

（四）民间市场化回收形式

全国各地大部分地区已经自发形成若干废旧纺织品回收组织，首先通过街道回收网点收集上来，再利用小卡车把废旧纺织品集中到收拢公司，收集到一定数量后再统一运送到集散地分拣处理。经过初步人工分拣后，按照废旧纺织品的成色、颜色、季节等分类，可穿着服装出口非洲、东南亚等地；其余的废旧纺织品将按照棉、毛、涤纶、混纺等进行简单分类，运往不同产业聚集区进行综合利用。随着废旧纺织品回收行业规范化、回收渠道多样化，民间市场化企业在逐渐萎缩，或者向智能化和规范化转型。

三、发展趋势

（一）分类回收势在必行

为满足废旧纺织品综合利用的技术和产品要求，应该在生活垃圾或再生资源回收过程中，将废旧纺织品作为独立的品类，进行分类回收。

（二）线上线下回收相结合

随着科技的进步和互联网技术的发展，线上回收和线下回收相结合，将是未来废旧纺织品回收的发展趋势，线上将重点在大型的电商平台进行回收，线下则通过智能回收箱或品牌门店等场所进行回收。

（三）综合利用促进前端回收行为

随着信息的透明化和诚信体系日趋完善，广大消费者将更加注重回收后的综合利用过程与产品，因此，有明确的溯源体系和综合利用途径的回收方式，将更被大众接受。

（四）闲置废旧纺织品和废旧制服将引起重视

目前，积压和库存的废旧纺织品存量巨大，消费过的校服、企业的工装制服、废旧职业装等每年产生量超过100万吨，未来对存量大、成分单一的工装制服和闲置纺织品进行回收与综合利用具有巨大的市场和潜力。

（五）分拣向专业化和集约化发展

近年来，废旧纺织品分拣略显薄弱，大都采用人工分拣，效率低，成本高。分拣环节的人工成本占到整个旧衣物回收总成本的30%，运输成本占40%～50%。随着废旧纺织品回收规模的迅速增长，分拣的专业化、智能化、高效化，将有效提高废旧纺织品综合利用率。因此，建立区域性废旧纺织品分拣中心、加大分拣技术研发、设备制造的资金投入迫在眉睫。

从区域布局角度，可在我国东部地区、东南地区、西南地区、华北地区、中部地区分别建立分拣中心，便于规模化分拣，提高分拣效率，有助于废旧纺织品回收和利用。

第三章
废旧纺织品综合利用情况

一、综合利用途径

（一）再利用

再利用是将废旧纺织品继续使用或经过修复、翻新、整理后重新使用，主要针对价值较高的名牌服装或者成色较新的堪用品。再利用价值较高，加工成本低，既可以有效延长产品的使用寿命，又可以减少碳排放量，为国民经济发展做出贡献。

目前，我国还没有形成二手服装的交易规范和管理办法，二手服装进入我国市场交易体系还有难度，所以我国废旧纺织品回收利用主要以再生利用为主。随着大众消费观念的转变、资源节约的理念深入人心之后，消费者对二手服装的需求将有很大提高。尤其是高档二手服装，在城市年轻群体中将会有很大市场，其他二手服装也将在第三世界国家或者农村打开销路。因此，二手服装市场的放开，将有效延长服装的使用寿命，最大化地实现资源高效利用，极大降低碳排放量，促进资源节约和社会可持续发展。

（二）再生利用

再生利用是废旧纺织品经过物理、化学、物理化学等工艺过程处理，改变其原基本使用属性，形成新的产品的过程。主要是指将单一组分或多组分的废旧纺织品采用一系列特殊技术手段，经过破碎、开棉、降解、再聚合（增黏）等不同工艺路线，采用物理、化学或物理化学方法加工成再生纺织原材料，如短纤维或长丝等，用于织造各种纺织品或制成其他材料。目前，废旧服用、家用纺织品的主要成分为纯棉类、纯毛类、纯涤类、涤棉类和毛涤类及其他多组分混纺织物为主体。其主要再生利用方法如下：

① 纯棉类和纯毛类废旧纺织品可以通过开松等物理方法制成再生棉纤维和再生毛纤维；纯棉类废旧纺织品还可以采用溶剂纺丝法制成再生纤维素纤维。

② 纯涤类废旧纺织品可采用化学法或物理化学法再生利用。可采用

聚合釜或螺杆挤出机将纯涤纶废旧纺织品进行物理熔融，通过高真空或添加扩链剂等方法，使其增黏，制成特性黏度与原生切片相同的再生切片，用于纺制涤纶长丝、短纤或其他制品；或通过添加降解剂，使纯涤纶废旧纺织品降解，再经聚合制成切片，用于纺丝等。

③ 涤棉类废旧纺织品可以采用涤棉分离设备和工艺，将涤纶和棉成分分离，其中涤纶成分可采用上述纯涤纶再生方式再生；棉纤维经过过滤、梳棉等工序，制成纯棉短纤维，用于棉纱的原材料，或将棉纤维溶解制备再生纤维素纤维。

④ 毛涤类纺织品主要通过物理开毛工艺，制成毛涤散纤维，用于降级使用，制备粗纺面料或与其他纤维混纺制成其他粗纺混纺面料。

二、重点技术及重点装备

（一）分拣技术及装备

废旧纺织品分拣是其进行高附加值再生利用的前提。不同类型的废旧纺织品应采用不同的方法进行再生利用，因此，废旧纺织品综合利用过程的第一步就应是根据成分、颜色、织造方法等对其进行准确、快速的鉴别与分拣。采用现代分拣技术替代落后的人工分拣，不仅能大大减少分拣人力，减小对操作者的健康威胁，更能提高分拣准确性和分拣效率，为废旧纺织品的高效再生利用提供保证。

1. 传统分拣方法

由于颜色和织造结构的识别比较直观，因此，目前国内所有相关企业均利用人工进行分拣；废旧纺织品的成分很难通过直接观察加以鉴别，在废旧纺织品回收再利用企业，往往靠有经验的工人通过火烧、手摸、闻味等方法进行鉴别和分拣。上述方法准确性差，效率低，易引发火灾，危害分拣人员健康甚至生命安全。

事实上，纺织品中纤维成分的定性鉴别和含量的定量分析早有标准可依，根据国家标准《纺织品定量化学分析》（GB/T 2910—2009），纤维成分可主要采用包括显微镜观察法和化学溶解法进行分析，在具有大型仪器的高校、企业和科研院所，也可采用红外光谱法等仪器分析方法，具体标准可参考《纺织纤维鉴别试验方法　第8部分：红外光谱法》（FZ/T 01057.8—2012）。采用上述方法虽可准确鉴别纺织品中纤维的成分和组成，但耗时长，需要大量化学试剂，而且往往需要破坏被测纺织品，因此无法满足工业界对废旧纺织品准确、快速分拣的要求。目前，部分企业采用半自动化分拣模式，即在纺织品鉴别后以机械手段将服装自动按成分投放，从而大大提高投放的准确性和投放效率，然而上述模式仅在输送环节一定程度上实现了自动化，决定成分分拣准确性的鉴别环节仍然依靠有经验的人工完成。

为了提高分拣准确性和分拣速度，近年来科研人员首先从成分分拣领域开展了技术开发，而成分分拣采用的主要技术为近红外光谱技术。

2. 近红外光谱分拣技术

（1）近红外光谱技术

近红外光是指波长在可见光区与中红外光区之间的电磁波。根据美国试验和材料协会（ASTM）定义，近红外光波长范围为780~2526nm，其中又可细分为短波近红外区（780~1100nm）和长波近红外区（1100~2526nm）。绝大多数有机化合物和许多无机化合物的化学键的振动在中红外光谱区产生基频吸收，而在近红外光谱区产生倍频和合频吸收，所谓近红外光谱就是分子对红外线的倍频和合频的吸收光谱。与中红外光谱相比，近红外光谱吸收强度弱，背景复杂，谱峰重叠严重，直接分离解析难以提取足够有用信息，因此，需借助化学计量学方法进行有效信息提取。

由于基频、倍频和合频的相互耦合，多原子、分子在整个近红外区有许多吸收带，精确地区分近红外谱带的归属很困难，因为每个近红外谱带可能是若干个不同基频的倍频和合频谱带的组合，无锐锋和基线分离峰，多为重叠宽峰和肩峰。

另外，近红外光谱还受到温度、氢键、样品的物理性质的影响，因此，上述性质也会在其谱图中得以体现。近红外区域主要的吸收带是含氢的官能团，如O—H、C—H、N—H、S—H等伸缩振动产生的一级倍频吸收，而C—O、C—N和C—C等的伸缩振动在近红外区域仅产生多级倍频。因此，几乎所有有机物的一些主要结构与组成均可在其近红外谱区中找到特征信号。信号的位置、吸收强度等信息为其定性、定量分析奠定了基础。近红外光谱技术就是利用该谱区包含的物质信息进行有机物质的定性、定量分析。

由于谱带重叠与吸收强度弱等特点使得近红外光谱分析较为困难。首先，由于检测限比中红外光谱低1~2个数量级，因此其定量分析困难，其次，因信息量小，谱峰重叠严重，因此其结构定性分析也较困难。但是，近红外光子能量高于中红外，其穿透能力较强，因此，近红外光谱样品无须预处理即可直接进行谱图扫描，这也给分析带来了便利。

近红外光谱分析技术由两个要素组成：一是硬件技术，即精密的近红外光谱仪；二是软件技术，即化学计量学软件。

① 近红外光谱仪。按分光技术不同，近红外光谱仪可分为多种类型：滤光片型、光栅扫描型、阵列检测型、傅里叶变换型、声光可调滤光型、阿达玛变换型和多通道傅里叶变换型。近红外分析仪器有三种测量形式：透射测量、漫透射测量和漫反射测量。采用哪一种测量方法，主要取决于被测样品的类型。纺织品一般采用漫反射测量方法。漫反射测量在近红外光谱分析技术中具有非常重要的地位，可用于各类样品的测定，但一般对固体和半固体样品采用漫反射测量方法。漫反射光谱或散射光谱分析，可得到较高的信噪比和较宽的线性范围。由于近红外光谱具有信息量丰富、图谱稳定性高、图谱易得，且漫反射光谱分析无须对样品做任何化学处理的优点，结合现代数学方法和计算机技术，可克服从复杂背景中提取微弱信息的困难，从而使傅里叶变换近红外漫反射光谱分析成为一种极有发展前途的光谱技术。

目前，我国近红外光谱仪主要依靠进口，多数中红外仪器提供商都可提供近红外光谱仪。

② 化学计量学。化学计量学是近红外光谱技术的重要组成部分，是一门化学与统计学、数学、计算机科学交叉所产生的新兴化学学科分支。化学计量学应用数学、统计学、计算机技术的原理和方法处理化学数据，

通过对测量数据的处理和解析，最大限度地获取物质的组成与结构信息。目前，几乎所有的近红外定量和定性分析都是采用化学计量学方法通过建立多元校正模型实现的。

化学计量学方法在近红外光谱分析中的应用主要包括以下几种：

a. 光谱预处理方法。近红外光谱仪采集的信息包括表征样本特征的确定信息与表征光谱变动背景的不确定信息，在实际分析中采集的信息可能有各种失真，采集的范围信息可能不符合对模型稳健性的要求，因此，在建模过程中，光谱的预处理往往是必不可少的，它是近红外定量分析和定性分析中非常关键的一步，采用适当的近红外预处理方法可有效提高模型的适应能力。合理的预处理方法可有效过滤近红外光谱中噪声信息，保留有效信息，从而降低定量模型的复杂度，提高模型稳健性。

目前，常用的近红外光谱预处理方法主要有均值中心化（Mean Centering）、导数（Derivative）、平滑（Smoothing）、多元散射校正（Multiplicative Scatter Correction，MSC）、标准正态变量变换（Standard Normal Variate Transformation，SNV）、傅立叶变换（Fourier Transform，FT）等。近几年，小波变换（Wavelet Transform，WT）、正交信号校正（Orthogonal Signal Correction，OSC）和净分析信号（Net Analyte Signal，NAS）等一些新方法也正在得到发展和应用。

b. 波长选择方法。在建立近红外分析模型时，必须对波长进行筛选，主要原因如下：

一是，由于光谱仪器噪声的影响，在某些波段下样本光谱信噪比较低，光谱质量较差，这些波段会引起模型的不稳定；

二是，在某些波段，样本光谱信息与被测组成或性质间不存在线性关系，若选用线性建模方法，可能会降低模型的预测能力；

三是，近红外光谱波长之间存在多重相关性，即波长变量之间存在线性相关的现象，导致光谱信息中存在冗余信息，模型计算复杂，预测精度降低；

四是，有些波长对外界环境因素变化敏感，一旦外界环境因素发生变化，不仅影响预测结果，还会使所测样本成为异常点；

五是，波长优选可减少波长变量的个数，提高测量精度，利于现场快速及过程在线检测。

综上所述，波长选择一方面可简化模型，更主要的是由于不相关或非线性变量的剔除，可得到预测能力强、稳健性好的校正模型。目前，在近红外定量和定性分析中，波长选择方法主要有相关系数法（Correlation Coefficient，R）、方差分析法（Analysis of Variance，ANOVA）、逐步回归法（Stepwise Regression Analysis，SRA）、无信息变量消除法（Uninformative Variables Elimination，UVE）、间隔偏最小二乘法（interval PLS，iPLS）、遗传算法（Genetic Algorithms，GA）等，目前相关系数法和遗传算法是应用较为广泛的波长选取方法。

c.定量建模方法及检验。定量建模方法也称多元定量校正方法，是建立分析仪器响应值与物质含量（或其他物化性质）之间定量数学关系的一类算法。在近红外光谱分析中常用的定量建模方法包括多元线性回归（MIR）法、主成分回归（PCR）法和偏最小二乘（PLS）法等线性校正方法以及人工神经网络（ANN）和支持向量机（SVM）方法等非线性校正方法。其中，PLS法在近红外光谱分析中得到较为广泛的运用，基本成为一个标准的常用方法，ANN和SVM等方法也越来越多地应用于非线性的近红外分析体系中。

③近红外光谱技术的优缺点。

a.近红外光谱技术的优点如下：

一是，分析速度快。光谱的测量过程一般可在几秒内完成，通过建立的校正模型可迅速测定出样品的组成或性质。

二是，分析效率高。通过一次光谱的测量和多个校正模型，可实现对样品的多个组成或性质的测定。

三是，分析成本低。无损检测，无须任何化学试剂及材料。

四是，测试重现性好。光谱测量稳定，很少受人为因素的影响。

五是，样品测量无须预处理。由于近红外光有较强的穿透能力和散射效应，根据样品物态和透光能力的强弱可选用透射或漫反射的方法进行测量。可直接对液体、固体、半固体和胶状类样品进行测量。

六是，便于实现在线分析。由于近红外光在光纤中具有良好的传输性，可通过光纤实现远距离采样，并且通过光纤的传输，也可测量恶劣环境中的样品。

七是，无损分析技术。近红外光散射效应大，穿透深度强，通过漫反射技术可实现对样品直接测定，无须制样，无样品消耗，且不会对样品产生外观或者内在的影响。

b. 近红外光谱技术的缺点如下：

测试灵敏度相对较低。由于近红外光谱是分子对红外线的倍频和合频的吸收，其吸收跃迁概率较低，吸收强度比基频吸收小 2~3 个数量级，测试样品含量一般应大于 0.1%，因此，近红外光谱定量分析适合常量分析，不适合微量（mg/kg）分析。

（2）近红外技术在我国纺织行业中的应用

近几年，近红外技术在纺织行业的应用研究主要集中在纺织纤维定性鉴别、纺织纤维含量预测等方面。

① 纺织纤维定性鉴别。纺织品成分鉴别是纺织品检测的重要内容，也是纺织品成分含量检测的基础。2006 年，赵国樑等利用近红外光谱技术对羊毛、羊绒进行初步鉴别。2009 年，柴今朝等利用近红外技术对棉/涤、棉/氨、黏/涤、棉/锦、毛/腈、锦/涤 6 种纺织品进行聚类分析，所有不同种类样品都得到了较好的分类，验证了近红外检测法应用于纺织品聚类分析中的可行性。柴今朝等还对 75 个纯棉、纯涤、棉/涤、棉/氨面料进行定性聚类分析，比较了光谱预处理方法对聚类效果的影响，为进一步提高模型准确性提出了指导性意见。2010 年，袁洪福等对 12 种纺织纤维共 214 个样品进行研究，发现组成接近的纤维样本均能较好聚类，但有些不同种类纤维之间有交叠。结合近红外和簇类的独立软模式方法（SIMCA），可实现化学组成非常接近的不同纤维种类的区分，说明采用近红外技术实现非破坏性快速鉴别纺织纤维是可行的。

② 纺织纤维定量预测。面料成分及含量的检测是纺织品质量检测的重要内容。2005 年，陈斌等利用 PLS 法建立棉制品中棉含量的近红外定量分析模型，同时采用遗传算法优化波长选择，提取有用信息并大大降低

了运算量。2013 年，王京力等采用 PLS 法对 149 个涤/氨织物中的涤纶含量建立定量分析模型，模型能很好地对 279 个涤/氨样品进行预测，结果表明近红外技术运用于纺织品含量的预测是可行的。

（3）近红外技术在我国废旧纺织品分拣中的应用

2012 年，北京服装学院承担国家科技部关于废旧涤纶、涤棉制式纺织品综合再利用国家 863 项目中废旧纺织品快速鉴别分拣任务，赵国樑提出利用近红外光谱技术进行废旧纺织品成分鉴别。课题组与国内仪器公司合作，开发出便携式近红外仪器，通过大量收集样品、建立原始谱图库、采用传统方法进行样品成分分析、利用化学计量学方法建立分析模型，最终实现对涤纶、涤/棉、涤/毛纺织品的快速鉴别分拣。

以下举例说明近红外光谱法废旧纺织品分拣主要技术：

① 废旧涤棉混纺织物的快速鉴别。由于涤棉混纺织物是废旧纺织品的主要类型，因此其分拣研究起步最早。采用近红外技术进行废旧涤棉混纺织物快速检测时，需分别完成所采集样品的真实成分分析、建立原始谱图库、建立模型等步骤：

第一步：样品收集及传统方法鉴别。根据纺织行业标准《纺织纤维鉴别试验方法 第 8 部分：红外光谱法》（FZ/T 01057.8—2012），采用中红外光谱仪，对所收集的建模样品进行纤维成分鉴别，筛选出纯涤、纯棉及涤棉混纺样品，剔除非涤棉类样本。对于中红外法判断不确定的样品，根据纺织行业标准《纺织纤维鉴别试验方法 第 3 部分：显微镜法》（FZ/T 01057.3—2007）和《纺织纤维鉴别试验方法 第 2 部分：燃烧法》（FZ/T 01057.2—2007）对样品进行复检。筛选出 354 种不同棉含量、不同组织结构、不同颜色的涤棉混纺织物样品。之后采用《纺织品 定量化学分析 第 11 部分：纤维素纤维与聚酯纤维的混合物（硫酸法）》（GB/T 2910.11—2009），测定其纤维素的准确含量（精确到 0.001g）。

第二步：原始谱图采集。采用近红外光谱仪对收集的样品进行近红外光谱扫描，在光谱数据采集过程中，布样厚度折叠为 3mm，布样纹路和颜色通过 S—G 一阶导数处理后基本可消除厚度、颜色和纹路对 NIR 光谱的影响。通过扫描大量样品，建立样本原始近红外光谱数据库。图 3-1 为涤/棉样本近红外图。

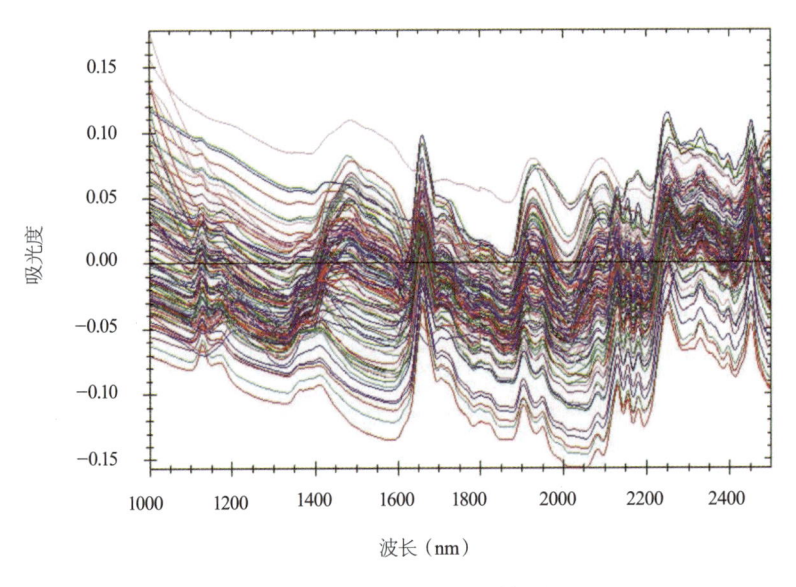

图 3-1　涤/棉样本近红外图

第三步：建立涤棉混纺织物半定量—定性分析模型。模型的建立即"信息的关联"过程，是将样品的光谱信息与测定值（涤棉含量）信息通过化学计量学方法关联起来。

对样本集进行分类，其中 60% 样本作为校正集样本，用于建立定性分析校正模型；40% 样本作为验证集样本，用于验证定性校正模型，并用校正集相关系数 *RC*（Relation Coefficient of Calibration）、验证集相关系数 *RP*（Relation Coefficient of Prediction）、校正标准差 SEC（Standard Error of Calibration）和验证标准差 SEP（Standard Error of Prediction）等参数对模型进行评价。SEC 表征了建模样品范围之内分析的误差，它是模型的可靠性所决定的基本分析误差；SEP 表征了应用指定模型分析待测样的误差，它不但决定模型的可靠性，还与模型的稳健性有关，因此 SEP 一般大于 SEC，但若 SEP 超出 SEC 过多则表示模型的稳健性不够。SEP/SEC 为模型稳健性评价参数，应小于 1.2，其值大于 1.2 则表示模型的稳健性不够。

第四步：模型的验证。采用验证集样品对模型可靠性进行验证。

综上，采用近红外技术，通过对光谱测试条件、建模条件的优化，建立了具有不同光谱特征的涤/棉混纺织物近红外半定量—定性分析模型，通过内部检验和外部检验，初步实现利用国产便携式近红外光谱仪对废旧涤/棉纺织品的快速、无损鉴别。将样品分为纯涤、高涤、涤棉混纺（50/50）、高棉和纯棉五类。识别准确率达99%，每个样品的识别速度小于10s。

② 废旧纺织品在线快速分拣技术。2013年以来，国内中民循环经济产业技术开发（山东）有限公司、鼎缘（杭州）纺织品科技有限公司、京环纺织品再利用邯郸有限公司等废旧纺织品综合利用企业，通过国外调研和技术交流，分别采购了比利时Valvan公司废旧纺织品连续分拣设备，如图3-2所示。该设备同样采用近红外光谱分拣技术，实现废旧纺织品连续分拣加工。

图3-2　比利时废旧衣物分拣系统实景图

该系统喂料部分由带起重卸货功能的搬运车把载有未分类衣物的铁笼升高后再倾斜，把衣物倒在喂料输送带上，由输送带往上送到分拣桌。输送带负载量达1000kg。具体技术参数是：喂料输送带长4200mm×宽2000mm，侧高为1000mm，斜度为30°。

该系统的分拣操作平台包括一个带扶手和楼梯的小型操作平台和分拣桌，如图3-3所示。操作者通过脚踏板控制输送带，把适量的衣物传送至分拣桌。只要踩动踏板，输送带会启动。操作者以约每件1.5s的速度，将衣服送到检测机。

图 3-3　比利时近红外分拣设备

分拣时，操作人员手工将衣服顺序放在输送皮带上，衣物通过近红外光谱照射区时，采集该衣物数据，并通过模型给出鉴别结果指示压缩空气喷嘴，将衣物吹入相应筐中，如图 3-4 所示。

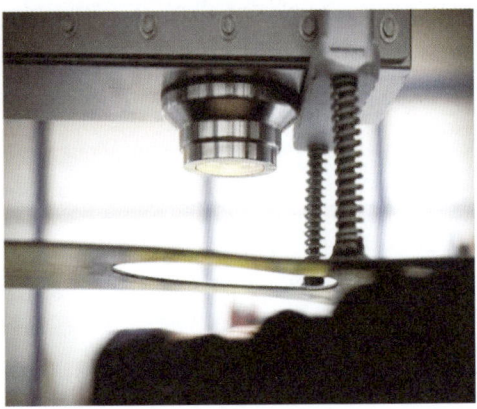

图 3-4　比利时近红外光谱扫描系统

目前上述仪器可分拣棉、羊毛、涤纶、腈纶、腈毛混纺 5 种成分废旧纺织品。据称，上述系统分拣速度为 2400 件 /h，如果平均每件衣服 0.35kg，每小时可分拣840kg的衣服。

目前，我国一些高校和仪器设备公司也在开展废旧纺织品在线分拣设备的研发。2018年初，北京服装学院废旧纺织品综合利用研发团队，采用快速近红外光谱扫描头，通过样品收集、样品成分化学分析、原始谱图库建立、模型建立和验证等，获得鉴别分拣软件，结合自动化分拣设备，建立废旧羊毛混纺织物鉴别分拣系统，使羊毛分拣准确率提高到96%，同时大大提高了分拣效率。2019年，该团队与季采环保科技（上海）有限公司合作，开发出圆盘式废旧纺织品自动分拣设备，可实现对涤纶、羊毛、棉、腈纶等主要纤维成分的鉴别和分拣，分拣速度和准确性达到国际同类设备水平。

除近红外光谱技术外，不少研究者也在尝试利用拉曼光谱等其他手段对废旧纺织品进行鉴别和分拣，但是由于受纤维种类的选择性和鉴别速度等限制，迄今为止，上述鉴别技术尚未得到工业界的广泛接受。

（二）消毒技术及装备

当废旧纺织品以二手服装等形式再次使用时，其消毒就成为必不可少的处理过程。所谓二手服装，即服装的第一次使用者在放弃服装的使用后，采用捐献或售卖等方式将服装转移给下一位服装的使用者，从而使服装的生命周期得以延长。实际上，二手服装形式的再利用是最节约能源、对原有服装材料性能破坏最小、几乎没有环境污染的一种废旧纺织品再利用方式。据考察，欧洲废旧纺织品中约有50%以二手服装形式再次穿着使用。目前虽然也有废旧纺织品相关企业将成色较好的废旧服装销往国外，但在中国二手服装市场至今仍未开放，究其原因主要是相关主管部门担心二手服装在流通过程中会造成疾病的传染，进而在全社会引起卫生安全问题。2003年春季在我国爆发的非典（SARS）和2019年底爆发的新型冠状病毒肺炎（COVID-19）等重大公共卫生安全事件，更加增大了政府和公众对开放二手服装市场的担心。

如果二手服装不进行规范的消毒，致病、致敏病毒、细菌有可能对二手服装使用者的健康造成危害。然而到底应该采用何种消毒方法才能有效消灭病毒和致病细菌，同时又不至于因消毒操作造成服装品质的明显破坏和成本的激增，是放开二手服装市场前值得认真研究的课题。

2018年，中国循环经济协会、北京服装学院服装安全研究检测中心，联合相关企业共同承担了《二手服装消毒工艺规范》（T/CACE 013—2019）的起草工作。为此该检测中心针对多种消毒手段的有效性及各消毒手段对不同种类纺织品品质的影响等开展了系统研究。参考医用纺织品洗涤消毒要求，采用臭氧消毒、紫外线消毒、环氧乙烷气体消毒和压力蒸汽消毒等消毒手段，对涤纶、锦纶等化纤织物和棉、毛等天然纤维织物进行消毒，研究了消毒方法和工艺对灭菌效果和纺织品力学性能、尺寸稳定性、颜色等品质的影响，针对不同纤维成分的废旧纺织品，推荐了综合效果最佳的消毒方法。上述研究为《二手服装消毒工艺规范》的客观制定及有效推广应用奠定了科学基础，为开放二手服装市场的政府决策提供重要的科学依据。

1. 主要消毒方法

根据卫生部《消毒技术规范》中的定义，纺织品消毒可理解为通过各种有效方法来清理甚至杀灭附着在纺织品上的各种微生物，使其达到不影响人体健康的程度。

目前理论机制均较为成熟的消毒方法大致可分为物理消毒法和化学消毒法。常用的物理消毒法有自然净化、机械力清除、热力消毒（干热灭菌和湿热灭菌）、辐射消毒、超声波消毒和微波消毒；化学消毒法有水溶液浸泡、喷洒或擦拭以及气体熏蒸等。

消毒方法固然繁多，但由于纺织品自身的结构性能特点，并非所有的消毒方式均适用。针对纺织品的常见消毒方法包括较传统的方式，如干热灭菌、洗涤、压力蒸汽灭菌等以及近年来应用较多的紫外线消毒、臭氧气体消毒、环氧乙烷气体灭菌等，生物消毒法近年来也逐渐进入公众的视野。目前适合服装纺织品的消毒方法主要有洗涤、压力蒸汽灭菌、紫外线消毒、臭氧气体消毒、环氧乙烷气体灭菌等几种。

（1）洗涤

洗涤是通过溶合某些化学试剂的物理搅拌将纺织品上附着的有机物、无机物以及微生物尽量降到相对安全水平的过程。《医院医用织物洗涤消毒技术规范》（WS/T 508—2016）中将其定义为利用洗涤设备和洗涤剂（粉），在水或有机溶剂中对使用后医用织物进行清洗的过程。虽然《消毒技术规范》中仅将该种方式定义为去污，但在使用了恰当工艺并选用合适的洗涤剂后，洗涤可达到一定的消毒效果。

根据不同类纺织品的性能特征，可用作纺织品消毒的洗涤方式主要分为湿洗和干洗两大类。

湿洗主要包括预洗、主洗、漂洗、中和及后续烘干整理几部分。常见的水洗设备包括全自动或半自动洗衣机，有条件的情况下则可采用标准洗衣机，以便更精确地控制洗涤过程。预洗水温在针对一般性织物时一般不超过40℃，机内水位要处于高水位，洗涤时间为3~5min；主洗分为热洗涤和冷洗涤两种方式。热洗涤温度在 70~90℃（温度达 75℃，洗涤时间 >30min；提高到 80℃ 时，洗涤时间 > 10min），操作应在低水位下进行。这种主洗方式适用于耐热耐湿性好的织物。部分不耐热不耐湿的纺织品如毛织物等可采用冷洗涤，即中温（40~60℃）、低水位洗涤。而对于耐热性极差的某些纺织品，也可把冷洗涤的温度控制在更低的范围（22~50℃），但此时织物需提前在浓度范围为 250~400mg/L 的含氯消毒剂中浸泡 20min，才能达到较好的消毒效果。漂洗一般采用低水位方式，处理温度为 65~70℃，漂洗次数不得小于 3 次，每次漂洗时间在 3min 以上，且两次漂洗间隔需进行一次脱水处理。织物中和剂在洗涤过程中对纺织品起养护作用，使纺织品处于一种酸碱平衡状态。一般可选择在中、低水位，水温 45~55℃ 的条件下，对最后一次漂洗的水进行中和处理（中和后水中 pH 值应在 5.8~6.5）5min 左右。某些织物漂洗完成后还需进行后续烘干熨烫处理，一般情况下烘干温度不低于 60℃ 才能起到理想的烘干效果。因此，耐热性能较差的纺织品不适合进行烘干处理，可选择晾干、滴干等自然干燥过程。

干洗是指纺织品在洗涤过程中与水无直接接触，使用有机溶剂对纺织品进行去污消毒处理。干洗可避免水分进入织物纤维内部引起纱线横向膨胀进而造成纺织品尺寸缩水、厚度增大等结构性能上的影响。此外，经过干洗处理后的纺织品不易缩水、变形、褪色，干洗后织物触感柔软，后续熨烫整理方便，且消毒灭菌效果较好。干洗方式一般情况下适用于不宜水洗、易褪色的纺织品，比如纯毛纺织品等，因此，近年来中国的干洗市场在纺织品日常清洁领域所占份额逐渐增大。

干洗剂在干洗环节扮演着重要角色。近年来，一种氯代烯烃类有机溶剂——四氯乙烯（Perchloroethylene，PCE）因其溶解性强、热稳定性高、干洗质量好等优点，逐步替代了传统的易燃易爆的石油烃类溶剂。

然而，伴随四氯乙烯大量使用可能带来的废液残留、安全健康、环境污染等一系列负面影响不容小觑。国内外很多政府、企业、学者针对该问题进行调查研究，希望可通过生物降解、活性炭吸附、均相或多相光催化氧化、化学还原、超临界流体萃取处理技术等方法来有效解决 PCE 干洗剂后续处理问题。

纺织品在洗涤过程中受到的机械搅拌等物理作用以及与洗涤剂之间发生的化学反应，都有可能给其内部结构、外观尺寸、机械性能等带来一定的影响。因此某些特性比较敏感的纺织品，如丝制品、氨纶纺织品等，并不适合采用洗涤消毒的方式。此外，如何安全有效地处理洗涤废液也是洗涤消毒法面临的挑战。

（2）压力蒸汽法

压力蒸汽法在合适的条件下可达到消毒灭菌要求，通常被定义为压力蒸汽灭菌。该方法一般适用于耐热性、耐湿性较好的纺织品。

根据实际操作中排放冷空气的方式和程度不同，灭菌设备可分为下排气式压力蒸汽灭菌器（包括手提式、卧式、立式），预真空压力蒸汽灭菌器（包括预真空、脉动真空），快速压力蒸汽灭菌器（包括下排气、预真空、正压排气）三大类。各类灭菌器灭菌的具体参数如表3-1所示。

表3-1 不同压力蒸汽灭菌器灭菌条件

灭菌器种类	压强（kPa）	温度（℃）	时间（min）
下排气式	102.9	121	20~30
预真空式	205.8	132	4
脉动真空式	205.8	132	4

快速压力蒸汽灭菌法一般要求待处理物品直接放置在灭菌环境中，无须包裹灭菌包。在灭菌环境压强为205.8kPa（相当于2.1kgf/cm²），温度132℃的条件下，灭菌仅需3min，快速便捷。基于该法灭菌周期一般不包括干燥阶段，灭菌完成时水蒸气会残存在纺织品上使其处于湿润状态，无法立即使用。鉴于后续干燥过程可能形成新的污染，最好将其放在无菌室内晾干保存。

压力蒸汽灭菌法的特点是消毒环境湿度大，消毒温度较高，所以此法并非适用于一切纺织品。例如，纯棉纺织品具有较好的吸湿排湿性且耐热性好，锦纶纺织品虽耐湿性很好但耐热性较差，纯毛纺织品则既不耐湿也不耐热。因此要根据各类纺织品自身的性能特点来确定是否可采用该法，理论上来说棉、麻、涤纶等耐高温、耐高湿的纺织品可采用。

（3）紫外线消毒

紫外线消毒具有经济安全、操作方便、消毒结束后无有害物质残留、对一般物品损害较少的优点；灭菌范围广，一些特定波长的紫外线能在很短时间（几十秒、十几秒甚至几秒）内杀灭包括细菌繁殖体、立克次体、真菌、支原体、芽孢、病毒、分枝杆菌等在内的各类微生物。

但紫外线消毒法存在一定的安全隐患，人体皮肤、眼睛长时间暴露在紫外线直射下易受到伤害，实际操作时需要做好人员防护措施。另外，可用做消毒波段的紫外线辐照强度较低，穿透物品的能力不高，只有与其直接接触到的物品表面的微生物可被杀灭，因此消毒对象需要完整地放置在紫外线照射范围之内以确保灭菌有效性。

紫外线波长可主要分为三大波段，如表3-2所示。并非任意波长的紫外线均可用于纺织品消毒，能否正确选择合适消毒波段直接关系到消毒效果的好坏。目前C波紫外线被广泛用在消毒领域，其中250~270nm波段的灭菌效果最好，纺织品消毒一般选用的紫外线波长为253.7nm。

表3-2 紫外线波长范围划分

紫外线	UVA	UVB	UVC
波长（nm）	320~400	275~320	200~275

影响紫外线消毒效果的因素有很多，温度、湿度、照射时间、辐照强度、照射距离、照射方式、消毒环境及消毒对象等，合理选择消毒条件是紫外线消毒能否成功的关键。

对紫外线消毒效果影响因素的研究已持续多年，早期有研究采用30W高强度低臭氧紫外线灯（紫外线灯管强度为$100\mu W/cm^2$）对空气进行消毒，得出的最佳消毒条件为：温度25°C、湿度50%、水平照射60min，且得出温度对紫外线消毒效果影响最大；在相同条件下紫外线对白色葡萄球菌的灭菌率最高，大肠杆菌次之，对枯草杆菌灭菌率最低的结论。

《消毒技术规范》中指出紫外线消毒温度在20~40°C，为避免影响消毒效果，温度不宜太高或太低，彭卫红等研究提出当消毒温度低于室温（<20°C）时，需要适当延长消毒时间（30~60min）来保证消毒质量。通常情况下，紫外线消毒过程于室温环境中操作即可。消毒时的相对湿度不宜过高，若超过60%，也应适当延长照射时间；照射剂量为辐照强度和照射时间的乘积，是影响紫外线消毒效果的一个重要因素，杀灭各类微生物时需要的照射剂量不尽相同，如表3-3所示。

表3-3 不同种类微生物消毒所需紫外线照射剂量

微生物种类	照射剂量（$\mu W \cdot s/cm^2$）
一般细菌繁殖体	10000
病毒	10000~100000
一般致病性真菌	<100000
细菌芽孢	100000
真菌孢子	600000
微生物不详	100000

值得注意的是，紫外线灯管的辐照强度会随着使用时间的延长而缓慢减弱，需要对其强度进行定期检测，当强度低于标准要求（一般要求用于消毒的紫外线灯管强度不小于$70\mu W/cm^2$）时，及时更换以避免影响消毒效果。

环境因素、有机物等对紫外线消毒效果也有影响。紫外线消毒属于光化学消毒方法，若消毒环境湿度过大，悬浮水滴易造成紫外线光发散，同样如果颗粒物、尘埃等气溶胶较多则易阻断紫外线照射路径，影响辐照强度，减弱其穿透力，降低有效杀菌率。故应保持消毒环境、消毒对象以及紫外线灯表面干燥、清洁，可在消毒环境中安装温度—湿度计实时监测；另外微生物自身特质也会影响消毒质量，由于白天细菌体内存在的一种"光复合酶"易产生生物效应而使其恢复生物状态以及人员流动、环境尘埃夜间较白天少，个别特殊场所如医院等卫生部门可选择夜间进行消毒。

目前，有关紫外线消毒的应用主要是针对空气、污水等进行消毒处理，面对纺织品这类具有粗糙表面的消毒对象时，要适当延长照射时间，且织物两面都应受到均匀照射。具体操作时可采用H型低臭氧高强度紫外线灯照射，将织物垂直悬挂于两排数量相同均匀分布的紫外线灯管之间，为保证其受到充分照射，织物应单层悬挂。同时需要考虑的是，经多次测试可知单根紫外线灯管的中部位置辐照强度最大，均匀分布一排灯管的中间区域强度最高，故单层织物可放置于紫外消毒系统中心位置，处于非中心位置的织物要注意适当延长照射时间。

紫外线法消毒纺织品的工艺目前尚不完善，另外还存在消毒效率、灭菌质量、能耗等问题，如何高效利用及是否可实现工业化仍待更深一步摸索探讨。

（4）臭氧气体消毒

臭氧（O_3）作为一类广谱杀菌剂，同样能够对各类微生物（真菌、芽孢、细菌繁殖体、病毒、肉毒杆菌毒素等）起到很好的杀灭作用。臭氧去除异味（如霉、腥、臭等）的性能很好，可清理消毒一些不宜直接洗涤的纺织品，如毛制品、丝制品；部分经使用变得陈旧的纤维类物品经过臭氧处理可获得一定程度的漂白，大多数织物（除印染织物外）经臭氧长时间处理后会有明显的增白还原效果；相较于某些气体熏蒸法（如甲醛熏蒸法），紫外线消毒法等仅能作用在纺织品表面的局限性，臭氧穿透力强，消毒比较彻底；臭氧气体消毒过程操作简便，安全可靠。

该方法的另一优点是当消毒结束后经一段时间循环，残余臭氧气体在常温常压下可自行分解为氧气，不会造成二次污染，是一种绿色消毒方式。

目前，臭氧被广泛应用于工业废水、锅炉给水、饮用水、泳池用水以及循环冷却水的消毒处理中，在医疗保健、食品加工保鲜、垃圾回收站等领域也扮演着十分必要的角色，这些应用技术可被一定程度地借鉴到废旧纺织品的消毒灭菌中来。

然而臭氧自身是有毒气体，吸入过量会对人体机能造成一定程度的伤害（国家规定大气中允许浓度为 0.2mg/m^3）；另外臭氧是一种强氧化剂，长时间接触易降低纺织品的强度等性能，并且可能会使纺织品漂白褪色，影响后续穿着。

考虑到臭氧水消毒的后续处理问题，宜选用臭氧气体对纺织品进行消毒。气体浓度、温度、时间、相对湿度、纺织品表面所附着的有机物是影响臭氧气体消毒效果的几个主要因素。

通常情况下要达到满意的物体表面消毒效果，臭氧浓度至少要达到 60mg/m^3，相对湿度≥70%，处理时间为 60~120min。

也有人提出了不同的消毒工艺要求：臭氧浓度略低，在 10~20mg/kg（相当于 21.4~42.8mg/m^3）之间，相对湿度要求较高，在 90% 左右。在该种条件下，也可达到较好的微生物杀灭效果，说明湿度的适当提高可在一定程度上弥补臭氧浓度降低带来的影响。

研究表明，臭氧浓度、环境温度、消毒时间不变时，适度增大相对湿度可提高消毒效果。例如，在臭氧浓度（150mg/m^3）、温度（室温 25℃）、消毒时间（2h）一定的条件下，将相对湿度从 40% 提高到 70%，臭氧平均杀菌率从 89.6% 提高到几近 100%。出现这种情况可能的生物原因在于，相对湿度的升高使微生物细胞自身发生某些生物变化或者更易在其表面聚集水分，从而增强了微生物对臭氧的敏感度。因此可在处理前向消毒环境中以及待消毒纺织品表面适当撒少量水或在消毒环境内放置小型加湿器，以适当提高湿度从而保证消毒效果。

大多数臭氧消毒实验均选择在室温条件下进行，这是因为随着温度升高，臭氧气体分解速率加快，消毒环境中的 O$_3$ 产生量降低，从而使臭氧浓度小于基本要求，进而影响消毒质量。另外若纺织品表面附着有机物，其在消耗掉部分臭氧的同时还会形成微生物的"保护伞"，阻碍臭氧气体与微生物直接接触，使得消毒效果大打折扣。

采用臭氧气体消毒法处理纺织品时，为使纺织品整体得到均匀充分的消毒，可将织物垂直悬挂（有晾杆或衣架）或平铺（有透气隔层）在臭氧消毒器中，具体放置形式因消毒器内部构造而定。同时应注意操作规范，保证消毒设备在整个消毒过程中均密封使用，做好人员防护措施，并且不要在臭氧浓度过量（大于 $0.2mg/m^3$）的房间内滞留过久。消毒完成后要待臭氧气体完全分解后（大约 30min）再彻底打开仪器，以免污染环境并对人体造成伤害。

（5）环氧乙烷气体灭菌

环氧乙烷（Ethylene Oxide，EO）气体易扩散、易穿透，对微生物的杀灭能力很强，同样可达到灭菌水平，故习惯称其为环氧乙烷气体灭菌。这种方法广谱高效、杀菌力强、作用温度低、对灭菌物品无腐蚀性、损害小，灭菌合格率可高达100%，效果可靠，并且灭菌有效期长，灭菌作用不可逆，是目前其他化学消毒灭菌剂无法达到的。EO气体经常被用作物品的终末灭菌（将灭菌对象装入内层包装后进行的灭菌处理），可适用于不耐高温、高湿的纺织品消毒，目前依旧是低温灭菌技术中，尤其是针对医用纺织品应用最为广泛的方法之一。

环氧乙烷有一定毒性，残留在消毒环境中易燃、易爆，若过量EO附着在纺织品上接触人体易引起皮肤刺痛甚至灼伤，存在一定的安全健康隐患。为降低灭菌环境及灭菌对象中残留的环氧乙烷气体带来的可能性危害，在灭菌结束后需要对其进行彻底解析，相关规范中给出的残留物标准为：灭菌物品中残留EO的浓度应小于 $15.2mg/m^3$；消毒环境中残留EO浓度不得大于 $1.82mg/m^3$。具体的解析条件包括，温度在60℃时，机械通风8h左右；温度降到50℃以下，需要解析12h；当环境温度低到38℃时则需将处理时间延长到32~36h。由于长时间的解析过程，使得全套环氧乙烷气体灭菌处理过程耗时极长，一定程度上影响了消毒效率。针对环氧乙烷气体易燃易爆的弊端，有人提到将环氧乙烷与二氧化碳（CO_2）混合使用可以降低其危险性。但当压力较低时，混合气体会明显分层，影响灭菌效果；加入 CO_2 反而在一定程度上加快了某些EO聚合物的形成，也易使管道堵塞；混合气体的使用率很低，易造成资源浪费；混合气体较之纯EO气体的灭菌时间更长，效率不高。近几年，第三代环氧乙烷低温灭菌器（采用弥散理论和小气量技术设计）的问世在一定程度上解决EO气体泄漏及残留难题。

目前的环氧乙烷气体灭菌设备按容积大小主要分为三类：大型环氧乙烷灭菌器、中型环氧乙烷灭菌器和小型环氧乙烷灭菌器。大型仪器主要用于集中处理大批量的物品；中小型灭菌器主要分为100%纯环氧乙烷气体灭菌和EO/CO_2混合气体灭菌，自动化程度较高，被广泛应用在医疗用品消毒中。

常用特定的可使EO气体易于穿透，且不易吸收、不易与环氧乙烷发生反应的包装材料，如通气型硬质容器、复合透析纸、聚乙烯、布、无纺布、纸等制成的灭菌包将灭菌对象密封包裹。纸塑材质的灭菌包便于透过且不易吸收EO气体，EO气体在其中残留量低，可在灭菌结束后的较短时间内拆封使用，同时也可方便样品长时间存放，是比较合适的环氧乙烷气体灭菌包装材质选择。纺织品在灭菌包内尽量平铺放置，以便EO气体充分透过；灭菌包合理摆放在标准金属网篮筐或支架上，还要注意灭菌包不能紧靠灭菌器四壁，两者之间应留有一定距离的空隙，并且灭菌器内灭菌包的最佳装载量为设备内容积的80%或小于80%。

使用环氧乙烷气体灭菌之前须对灭菌环境进行抽真空（其中中小型仪器内部的压强可大于53.3kPa），预湿（相对湿度≥50%、时间≥2h），但要注意的是灭菌物品上不可聚集水滴或过于湿润，否则会稀释EO或使其水解影响实际用药浓度，导致灭菌质量下降。一般常见的环氧乙烷灭菌工艺条件为：EO气体浓度在800~1200mg/L，灭菌温度范围为55~60°C，相对湿度60%~80%，作用时间1~6h。

温度、相对湿度、浓度、灭菌时间、待灭菌物品厚度、附着有机物、灭菌包材料等均对EO气体灭菌效果有很大影响，研究表明，温度、相对湿度、气体浓度、灭菌时间这几大因素之间互有关联，彼此影响。一方面，在一定的温度和相对湿度条件下，微生物杀灭率随EO投入浓度的升高而明显增大，灭菌时间也会在EO浓度达到最高点之前随其加大而相应缩短；

另一方面，温度升高，灭菌环境内的蒸汽压也会随之增大，从而使 EO 穿透力加强，提高灭菌效率。但当温度高到足以使 EO 气体发挥最大效用时，继续升温，灭菌效用不会增强（例如温度在 50~57℃ 时，600mg/L、800mg/L、1500mg/L 三种浓度的灭菌效果基本一致）。

因此可灵活调整相关几项影响因素的水平高低，以达到既适应灭菌对象的具体情况以及环境要求，又能得到满意的灭菌结果。比如可适当延长灭菌时间，提高灭菌温度，来减少 EO 用量，以节约成本并且降低 EO 残留率，减少操作的安全隐患；也可在达到浓度最高点之前，适度加大 EO 浓度，以缩短灭菌时间并提高灭菌效率；针对一些不耐热纺织品，可适当增加 EO 浓度，延长灭菌时间以弥补降低温度带来的影响等。而如何准确有效地控制协调各因素使环氧乙烷气体灭菌法能够扬长避短，取得最佳效果，值得深入探讨。

近年来，有关环氧乙烷气体灭菌的研究大部分是针对医院等卫生部门的小批次诊疗用品，虽然有一定的参考价值和借鉴意义，但实际应用到服用纺织品消毒中还需权衡以下几方面的影响：新型灭菌器价格昂贵是否适合投入工业化使用；针对大批次纺织品消毒灭菌的时间效率问题；大批量纺织品同时消毒的安全隐患增大；大规模使用时如何妥善处理废气。

2. 消毒方法的遴选

从理论上讲，上述方法均可有效消毒，保证二手服装或再生纺织服装产品使用者安全。然而，由于纺织服装材料成分复杂，各纤维材料化学结构和性能差异明显，因此，消毒处理后有些纤维材料性能会发生变化，从而影响二手服装或再生纺织服装产品的使用。针对上述情况，北京服装学院服装安全研究检测中心通过大量科学实验，从不同消毒方法对棉、毛、涤纶等主要纺织品力学性能、尺寸稳定性、颜色变化等影响的角度出发，对废旧纺织品消毒方法进行了筛选。下面就研究方法和主要影响情况进行简述。

（1）消毒对棉纺织品性能的影响

研究发现，经上述各方法消毒处理后，纯棉纺织品的尺寸稳定性和色牢度变化不大，均未超过水洗所带来的变化；消毒处理对纯棉样品的拉伸性能也未造成明显影响，断裂强力下降率不超过5%；而纯棉纺织品的耐磨性能受消毒处理的影响最大，如图3-5所示。压力蒸汽灭菌、紫外线消毒和臭氧气体消毒处理可使某些棉纺织品的耐磨指数下降50%左右，造成纺织品的耐穿性、耐久性明显下降。而环氧乙烷气体灭菌处理引起的各纯棉样品耐磨指数变化率均在20%以内。

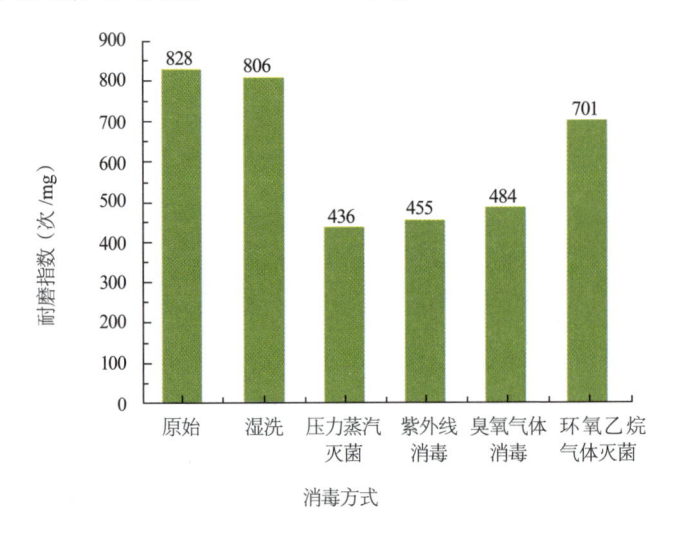

图 3-5 消毒方法对棉纺织品耐磨指数的影响

（2）消毒对毛纺织品性能的影响

纯毛纺织品经消毒处理后，色泽稳定尚好；拉伸强力、尺寸稳定性受压力蒸汽灭菌影响较大，该消毒方法会造成拉伸强力降低近18%，尺寸收缩近6%；耐磨性对各种消毒处理方法均较敏感，其中压力蒸汽消毒最多可造成耐磨指数降低50%以上，极大影响消毒后废旧纺织品的使用性能，如图3-6和图3-7所示。

（3）消毒对涤纶纺织品性能的影响

从实验情况看，各消毒方法对涤纶纺织品的拉伸断裂性能、耐磨性、色泽的影响程度基本上均未超过湿洗处理所带来的变化，只有个别样品的尺寸稳定性受压力蒸汽灭菌的影响比湿洗略大，如图3-8所示，说明涤纶纺织品对不同消毒方式的适应性较好。

此外，研究人员还对锦纶等其他纺织品消毒前后性能的变化进行了

图 3-6　消毒方法对毛纺织品断裂强力的影响

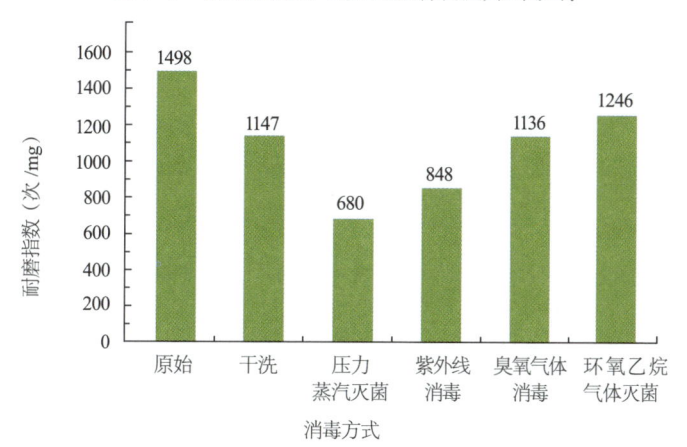

图 3-7　消毒方法对毛纺织品耐磨指数的影响

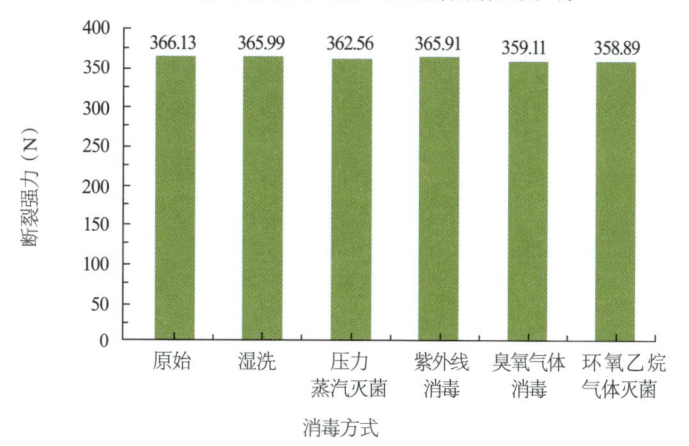

图 3-8　消毒方法对涤纶纺织品断裂强力的影响

研究。最终的结论是：

① 纯棉纺织品的拉伸性能、色泽、尺寸稳定性受消毒处理的影响程度均未超过湿洗带来的变化，而耐磨指数受消毒处理的影响较为明显；在除洗涤以外的4种消毒方法中，环氧乙烷引起的织物性能变化相对较小，最适合用于纯棉纺织品的消毒；

② 纯毛纺织品的色泽均未受到明显影响；受压力蒸汽灭菌处理的影响很大；耐磨指数受压力蒸汽灭菌、紫外线消毒、臭氧气体消毒的影响均较为明显，环氧乙烷气体灭菌对其影响程度小于干洗处理。从性能变化角度来看，纯毛纺织品采用环氧乙烷气体灭菌处理效果较好；

③ 涤纶纺织品除其尺寸稳定性会受到压力蒸汽灭菌的一定影响之外，拉伸断裂性能、色泽、尺寸稳定性受4种消毒方式的影响程度均小于湿洗引起的变化。涤纶纺织品的适应性较好，从使用性能方面出发，紫外线消毒、臭氧气体消毒、环氧乙烷气体灭菌均适用于涤纶纺织品；

④ 锦纶纺织品的拉伸断裂性能、色泽基本不受各处理方式的影响；其耐磨性、尺寸稳定性受压力蒸汽灭菌影响最大。经过各性能数据分析，紫外线消毒、环氧乙烷气体灭菌适合锦纶纺织品的消毒；

⑤ 对棉、毛、涤、锦4类常见纺织品而言，环氧乙烷气体灭菌的适用范围最广，对4项基本性能影响最小；压力蒸汽灭菌对4类常见纺织品的耐磨性、尺寸稳定性普遍影响显著。

（三）物理法再生利用技术及装备

物理法再生利用一般是指在废旧纺织品中材料化学结构基本不变的条件下，通过对废旧纺织品进行裁剪、破碎、开松、纺纱、成网、热机械处理等物理加工制备再生产品的过程。

目前我国物理法再生利用主要有以下一些方法：

1. 直接利用

将废旧纺织品剪切成布块或布条，直接用于工业用抹布（擦机布）或者拖把等。由于上述方法加工成本低，所以早期江浙和广东等纺织服装工业集聚地伴生了很多这类企业。由于产品附加值很低，部分上述企业正在转型寻求废旧纺织品的高附加值再生利用途径。

2. 物理开松法再生利用

物理开松法是中国废旧纺织品再生利用的最主要方法。物理开松法通过机械处理，对废旧纺织品进行切割、撕破、开松、梳理等物理过程，将其直接加工成再生纤维。该方法适用于任何纤维构成的纺织品，包括长丝和短纤维制备的纯纺或混纺织物，加工后的再生纤维可被纺成纱线，或通过非织造技术将其加工成非织造产品，实现废旧纺织品再生利用。物理开松法制备再生纤维的工艺相对简单，目前国内外都有产业化的生产工艺及设备。物理开松法废旧纺织品再生利用工艺过程主要包括以下几个步骤：废旧纺织品前处理、切割、撕破、开松、施加润滑剂等，最后得到再生纤维。

（1）前处理

废旧衣物上会有金属及其他材质辅料，物理开松时，必须在切割前去掉如金属拉链、纽扣、金属饰品等，以免这些材料的存在对切割刀具造成损坏。目前，除少数企业采用重力法脱除上述服装辅件外，多数企业采用人工进行金属拉链、纽扣、金属饰品等的去除。废旧纺织品来源不同，其卫生情况难以保证，尤其是使用过的废旧纺织品，根据再生产品要求，有时在物理开松前还需要对废旧纺织品进行清洗、消毒等处理。去除了各种辅料，并经过清洗消毒的废旧纺织品，可进入切割工序。

（2）切割

物理开松前废旧纺织品的切割是提高开松效率，减少废旧纺织品中纤维破断的重要步骤。废旧纺织品的切割，是利用碎布机的刀具，将其切割成一定大小的布片，以利于后面的撕破工序。开松前废旧纺织品布块切割的尺寸，对开松后所得纤维的长度有一定影响，切割尺寸过大，开松机械需施加很大的开松作用力方能将纺织品开松成为散纤维，而这往往造成纤维破断，使开松后纤维长度过短；如果布块尺寸过小，虽然开松较易完成，但由于大量纤维已在切割过程被切断，因此最终散纤维长度也会较短。北京服装学院废旧纺织品综合利用课题组研究发现，对于解放军常服涤纶面料而言，在相同的加工条件下，切割尺寸约为 10cm×10cm 时，所得散纤维长度最长。面料所用纤维成分不同,织造结构不同,最佳切割尺寸也不同。

目前,常用的碎布机主要有截切式切割机和旋转式切割机。旋转式切割机可把废旧纺织品切割成短小布片,但布片大小不容易控制,分布不均匀。由于废旧纺织品数量巨大,因此破碎机械设备必须具有高效、处理量大、处理种类多样化和专业化等特点。比利时Pierret公司生产的可用于废旧纺织品切割的N45型切割机,采用铡刀结构设计,切割宽度450mm,切割长度6~125mm,切割速度405次/min,最大压缩物料厚度70mm,处理量可达到1500kg/h。西班牙Margasa公司的切割机,是基于旋转式的技术原理制成的,用一种特殊几何形状的刀片保证切割的精度,切割宽度达到920mm。法国Laroche公司推出4个刀片的旋转式切割机,最大处理能力达到6000kg/h。中国青州市新航机械设备有限公司和中山斯瑞德环保科技有限公司等企业采用斜旋扭式滚动刀与定刀切合点移动剪切设计,可进行连续高速剪切,其单轴、多轴、液压等破碎机可实现对各种废旧纺织品的高效切割。

(3)撕破

撕破是将切割后的小布片,通过机械方法进一步分解成更小的可供梳理的单元,主要通过匹配的锡林来实现。当排出的碎块较大时,可单独或集中收集,然后再次喂入,重新撕破。废旧纺织品撕破后的产物,基本为纱线。这种纱线经过后续精细开松处理,可得到长度较长、损伤较小的再生纤维。

(4)开松

开松是利用布满钢钉的锡林将撕破的纱线开松为纤维状,此步骤是再生纤维阶段最关键的一步,一般纱线结构越结实,越难保证低损伤再生纤维,因此要求采用更高水平的开松技术,以满足再生纤维性能要求。

切割好的废旧纺织品碎布块或者本身很小的边角料,经过角钉、钩齿、针布等机械设备加工成再生纤维。目前,国内开花机多为单辊、双辊或者多辊(一般为6辊)。单辊或双辊设备相对简单,适用于小规模企业棉胎翻新,旧毛衣制备再生纤维,再生纤维一般长度较短,用于制备非织造布,例如农用保温被等。多辊开花机多用于开松工厂边角料,刺辊从前到后的排列，刺辊齿密一般由稀到密，刺辊速度由慢到快，提高了工作效率，得到的再生纤维质量较好。事实上，开松效果的好坏与开松设备中锡林间距、锡林上针布结构、锡林转速等因素有关。目前，国内废旧毛纺织品开松水平较高，有些再生纤维制备的粗纺面料具有很高附加价值。

（5）施加润滑剂

物理开松法再生利用存在纤维短、飞花、灰尘多等缺点，因此部分再生利用企业在废旧纺织品撕破/开松前，对其进行加湿、加油预处理，以提高再生纤维长度。通过加湿、加油预处理，并控制废旧纺织品撕破/开松时的回潮率，可增加纱线间或纤维间的平滑性，提高开松效率，减少飞花、灰尘和静电产生。废旧纺织品，尤其是机织纺织品，利用各种材质、粗细不同的纱线，而且多数纺织品用纱线都经过加捻，尤其对于高密度织物，撕破时纱线受到的摩擦力非常大，纱线容易被拉断，撕破后的纱线长度较短，导致开松后的再生纤维主体长度变短。如果在撕破前对切割好的碎布进行预上油处理，增加纱线和纤维的润滑性，降低纱线移动时受到的摩擦力，将会提高纱线从织物中的拔出长度，利于再生纤维高值化利用。

用以提高纱线和纤维平滑性能的主要是纺织油剂。纺织油剂通常包含平滑剂、柔软剂、抗静电剂、乳化剂等。目前开发的很多化合物，本身同时具备平滑性、柔软性、抗静电性、乳化性等功能，有的还具备消泡、防锈、匀染等功能，平滑剂与柔软剂、抗静电剂等组分的分界线越来越模糊。平滑剂的加入可减少纤维间或纤维与金属间的摩擦系数。此外，有的平滑剂具有亲水基团，吸湿性良好具有抗静电性。从降低成本角度看，平滑剂最好选择平滑性能突出，兼具柔软性、抗静电性及其他性能的化合物。目前常用作平滑剂和柔软剂的化合物是有机硅油。

预处理用油剂以硅油为主平滑剂，采用转相乳化法制备。先按照一定的质量比称取硅油、乳化剂、柔软剂和抗静电剂等，在40℃条件下，在300r/min的转速下机械搅拌30min；加入一定量的去离子水，于300r/min的转速下继续搅拌30min；混合均匀后再分3次加入一定量的去离子水，于1500r/min的转速下搅拌1.5h，制得乳白色混合液，即油剂。

北京服装学院研究团队发明了测试纱线拔出性能的方法，如图 3-9 所示。沿织物纬纱（经纱）方向剪成 5cm 宽、沿经纱（或纬纱）方向 17cm 长的布条，在距离布条上方 6cm 处画一个 1cm×1cm 的方格，将方格左右两条边剪开，把方格内纬纱（或经纱）用镊子抽拔出来，把经纱（或纬纱）部分剪断，留下中间相邻的 4 根纱线。在距离方格下方 1cm（即抽拔长度为 1cm）处画一根平行于宽度方向 1cm 宽的线，沿该线剪开。将样品放在织物强力机上进行拉伸，拉伸时将预留纱线两侧的织物剪断，拉伸时只有预留纱线受力。经纬纱从织物中拔出所需的力分别称为经纱抽拔力和纬纱抽拔力。

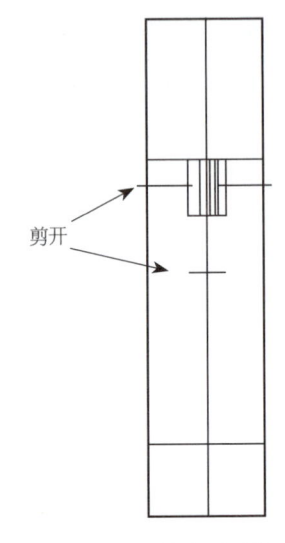

图 3-9　纱线抽拔测试样品

测试步骤：按上述方法制备样品，每组实验取 20 块，在 105℃下烘干至恒重后，将 20 块样品平铺开，均匀地向样品的正反面喷洒油剂后，放入 1000mL 烧杯中密封，按照工艺要求，放入设定温度的烘箱内，经过一定的时间后取出，测试纱线从织物中拔出所需的力，纱线抽拔力越小，说明纱线的平滑性越好。

测试参数：拉伸速度为 50mm/min，夹具距离为 50mm。

测试结果表明，油剂的加入可有效降低纱线从织物中拔出的拉力，不同组成的废旧纺织品，需采用不同种类和不同配比的油剂，由于羊毛纺织品具有松弛收缩和湿膨胀等特性，因此油剂在开松中的作用更为明显。

（6）再生纤维混合

再生纤维的混合主要有三个功能，一是不同批开松纤维的混批，使纤维更均匀；二是在再生纤维中加入一定比例的原生纤维，提高纤维平均长度，以利于纺纱；三是颜色混合，将具有接近颜色的再生纤维混合、匀化，配成具有某种均匀颜色的纤维或者根据色卡，采用不同颜色的散纤维，配制特定颜色的再生纤维。其中前两个混合过程比较传统，有些企业采用大型混合池，在搅拌的作用下混纤，也有企业采用传统合毛设备进行混纤。

纤维的混色相对比较复杂，传统的混色完全凭经验进行，因此，往往混合后的散纤维颜色偏离用户要求。近年来，有些企业开始采用计算机辅助进行配色，根据色卡，采用计算机算法，直接给出为实现某种颜色产品所需要的各种不同有色再生纤维的重量。

3. 物理熔融法再生利用

很长时间以来，部分具有化纤加工基础的企业，采用纯涤纶面料下脚料或旧服装为原料，通过热机械撑搓制备成团粒料，经干燥脱水后直接熔融纺制涤纶短纤维。研究表明，废旧涤纶面料中聚酯纤维的特性黏度一般为 0.50~0.60dL/g，由于热降解、热氧化降解和水解等作用，经上述热机械撑搓和熔融纺丝后，纤维特性黏度通常会降低 10%，因此，上述团粒料熔融纺丝的可纺性一般较差，所得再生涤纶性能也很难满足服用纤维要求。为了解决上述问题，有些企业利用特性黏度较高的回收聚酯瓶片与团粒料共混后熔融纺丝，使可纺性和纤维性能均得到提高。当然，由于聚酯瓶片价格较贵，因此，采用团粒料与聚酯瓶片共混熔融纺丝得到的纤维成本较高。

4. 物理化学法

近年来，一些研究者尝试在废旧涤纶纺织品熔融挤出时添加一定比例的扩链剂，以提高纺织品中聚酯的分子量。常用的扩链剂有环氧、异氰酸酯、酸酐等类型。熔融螺杆挤出时，在热机械作用下，扩链剂与聚酯分子反应，使分子量明显提高。严格来讲，上述方法应该属于物理化学法范畴。近年来，华东理工大学吴驰飞等在利用再生聚酯制备高韧性工程塑料专利技术基础上，利用废旧聚酯纺织品下脚料（可含有少量其他热塑性高聚物）复合面料为原料，通过加入扩链剂和相容剂，采用大扭矩螺杆挤出机和专用注塑装置，在低于聚合物熔点的条件下，制备出了各种塑料容器和型材等制品。

（四）化学法再生利用技术及装备

化学法再生利用技术一般是指通过化学方法将废旧纺织品解聚成小分子，通过再聚合制备成纤聚合物，用以制备再生化纤，或者利用解聚产物通过某种化工过程制备其他化工原料。

由于涤纶及其混纺织物（特别是涤棉混纺织物）是最主要的纺织服装原料，因此目前化学法被更多地应用在废旧纯涤纶织物和涤棉混纺织物的再生利用方面。

1. 废旧纯涤纶纺织品的化学法再生利用技术

虽然废旧涤纶纺织品可采用多种试剂对其进行降解，经再聚合再生利用，但目前中国工业上废旧纯涤纶纺织品的化学法再生利用主要采用醇解、水解等方法，将废旧聚酯降解成单体或低聚物，而后再经缩聚制成再生聚酯。

（1）日本帝人全降解脱色再生工艺

在国内，浙江佳人新材料有限公司是废旧涤纶纺织品化学再生利用的代表企业。该企业利用日本帝人公司的技术，在工业化规模实现了利用废旧涤纶纺织品制备与原生聚酯性能相同的再生聚酯的目标。其主要制备过程包括：

① 预处理：利用人工去除废旧纺织品上的纽扣、黏合衬、拉链等辅料，然后对拆解后的服装进行破碎和干燥；

② 乙二醇（EG）醇解：将破碎干燥后的废旧聚酯布片送入解聚设备，在略高于 EG 沸点的温度下进行解聚，生成对苯二甲酸乙二醇酯（BHET）；

③ 第一次酯交换：上述 BHET 与甲醇进行酯交换反应生成对苯二甲酸二甲酯（DMT），再通过分离工艺将 DMT 与甲醇、乙二醇和染料等杂质分离，经甲醇洗涤后获得精制 DMT；

④ 第二次酯交换：由第一次酯交换后得到的精制 DMT 与 EG 发生酯交换反应，生成聚酯单体 BHET；

⑤ 缩聚：BHET 在常规聚酯缩聚反应条件下，制得符合纺丝要求的再生聚酯。

上述技术的核心步骤是③，被称为 EG 醇解—甲醇酯交换脱色技术。

该技术目前在浙江佳人新材料有限公司实现了工业化规模的生产。其核心工艺利用的是日本帝人公司开发的乙二醇解聚—甲醇酯交换联合 PET 循环利用新工艺，也称作 Eco-Circle 回收技术。该工艺由乙二醇醇解和甲醇酯交换两步主反应构成。废旧涤纶纺织品先经乙二醇完全降解，生成

BHET 单体，再用甲醇与其进行酯交换反应，生成粗 DMT，经甲醇洗涤、过滤等步骤除杂后而得到精制 DMT，精制 DMT 再与乙二醇进行酯交换得到颜色已脱除的高纯度 BHET 单体，BHET 单体再经缩聚反应得到再生 PET。该工艺所得再生 PET 无论外观还是质量均可与由石化原料直接制得的原生 PET 媲美。日本帝人公司的 Eco-Circle 工艺流程如图 3-10 所示。

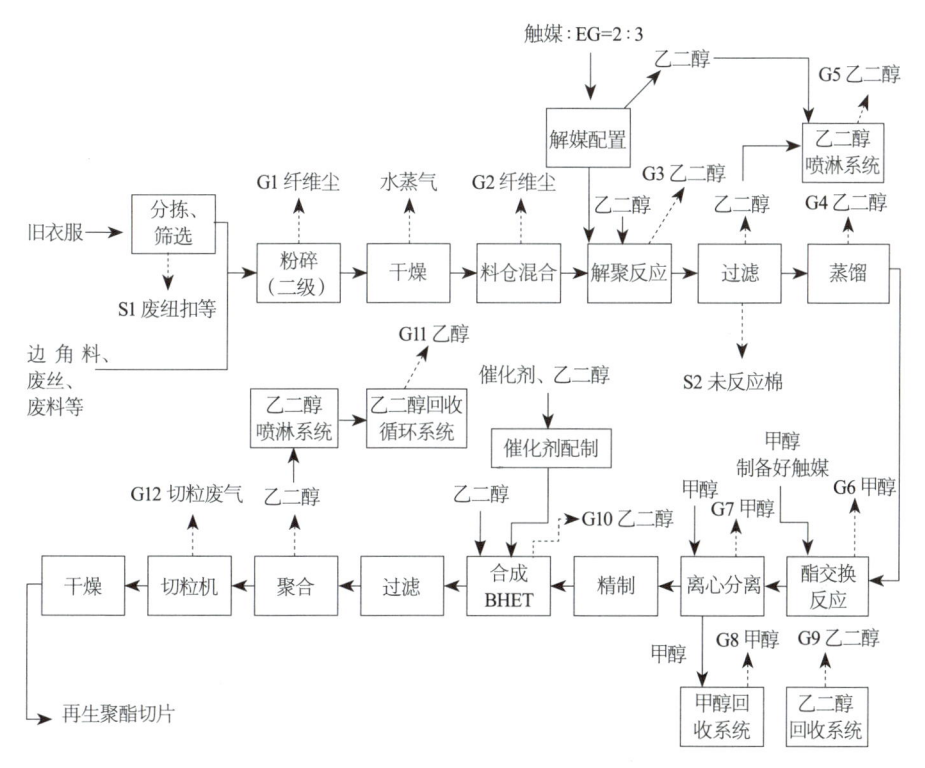

图 3-10 废旧涤纶纺织品乙二醇全醇解—甲醇酯交换脱色流程

该技术主要由以下几个相互衔接的工序组成。

第一，废旧涤纶纺织品预处理。为了使回收的废旧涤纶纺织品、边角料、废丝等更容易地供给再生利用 DMT（R-DMT）制造设备，需对其进行预处理。在预处理工序中，废旧涤纶纺织品先经人工进行分拆，清除无法化学再生的杂质或其他附属物，如纽扣、黏合衬、拉链等，然后经传送带输送至连续式粉碎装置，在此将其破碎成一定尺寸的布片，再经螺旋式输送机送至干燥设备进行干燥加工，干燥后的碎布片再经螺旋式输送机输送并储藏于专用料仓。

第二，回收 DMT 反应（RD）。将破碎后的废旧涤纶布片送往醇解釜，在氮气的保护下，加入乙二醇（沸点 197.5℃），于 210℃、0.3MPa 的条件下醇解反应约 4h，醇解釜加热介质为导热油。醇解反应为间歇式反应，反应后的反应液（主要是 BHET 和 EG）通过过滤装置去除夹杂物后暂存于槽内。醇解液经连续式蒸发器去除过剩 EG 后再次存放于槽内，然后供给酯交换（EI）反应釜，在 EI 反应中温度控制为 90℃，压力在 0.35MPa，反应时间约 3h，BHET 与甲醇进行酯交换反应后生成粗 DMT。粗 DMT 通过离心分离设备分离去除甲醇及 EG，再经分离精制工序，采用甲醇多级洗涤制备精制 DMT。BHET 过滤过程中产生的 EG 蒸气，经由乙二醇喷淋系统，将气相中大部分乙二醇冷凝，不凝气收集经冷凝处理送往尾气喷淋塔；BHET 蒸馏过程产生的 EG 蒸气在蒸馏塔顶部冷凝器中被冷凝，冷凝液回流，冷凝器采用循环冷却水作为介质，不凝气经以冷冻水作为介质的冷凝器冷凝后收集，再次冷凝后送往尾气喷淋塔；酯化反应器中产生的蒸气在反应器顶部冷凝器中被冷凝，冷凝液回流，冷凝器采用循环冷却水作为介质，不凝气收集后经冷凝送往尾气喷淋塔处理。

DMT 分离过程中产生的蒸气在设备顶部冷凝器中被冷凝，冷凝液回流，冷凝器采用循环冷却水作为介质，不凝气经以冷冻水作为介质的冷凝器冷凝后收集，再次冷凝后经尾气喷淋塔处理；DMT 蒸馏过程产生的蒸气在蒸馏塔顶部冷凝器中被冷凝，冷凝液回流，冷凝器采用循环冷却水作为介质，不凝气经以冷冻水作为介质的冷凝器冷凝后再进入尾气喷淋塔处理。

第三，二次酯交换反应生成 BHET。将回收的熔融 R–DMT、EG 和催化剂供给聚合设备中的二次酯交换（EI）反应槽。该步骤采用间歇式反应，通过热媒加热，温度控制在 260℃ 左右，反应 3h，在 EI 反应中产生的甲醇在反应的同时被抽离，反应持续进行，并生成单体 BHET。经 EI 反应产出的 BHET 经过滤器去除夹杂物后，被送往聚合反应釜进行聚合反应。

第四，PET 合成。该步骤也采用间歇式反应，在真空条件下，于高温约 289℃ 下在聚合反应器内反应 3h，产生的 EG 被抽离，当达到设定黏度后出料得到再生 PET 熔体，熔体通过反应釜出口以绞绳状挤出，并在水中被切割成切片状。切割后的 PET 切片通过脱水机脱水后，用压缩空气输送到各专用筒仓储藏。

二次酯交换反应生成的甲醇经过暂时存放后，送往再生利用 DMT 回收系统中的甲醇蒸馏设备加以精制，循环回用于 R—DMT 回收。此外，PET 合成过程中产生的 EG 经蒸馏设备加以精制后循环回用。

上述技术对于有色废旧涤纶纺织品来说，经乙二醇全醇解成 BHET 的过程中，由于附着点的断裂会脱除大部分染料，在 BHET 与甲醇通过酯交换生成分子结构更简单的 DMT 过程中，附着点进一步断裂，导致绝大部分染料进一步脱除，再经精制后的 DMT 已可与原生 DMT 媲美，从而保证了再次酯交换后生成的 BHET 的外观和质量。但由于经历了两次酯交换，反应过程中终点不易判断，导致目前该工艺所含的各段反应只能间歇进行，大大降低了生产效率；且两次酯交换过程中目标产物与 EG、甲醇等相混杂，须经多道分离提纯工序，从而能耗非常大。

（2）废旧涤纶纺织品的醇解再聚合工艺

为更好地将废旧涤纶纺织品高附加值利用的技术向工业化应用推进，在国家 863 计划及北京市科技提升计划项目的支持下，北京服装学院开发了采用乙二醇先使废旧聚酯部分降解，再于一定工艺下聚合增黏的回收工艺（即半降解增黏工艺）。该工艺首先以废旧聚酯军装为原料进行了技术开发。通过研究改变醇解剂乙二醇的用量、醇解时间、醇解温度、醇解催化剂用量对半降解增黏的影响，得到了最佳工艺条件，该工艺得到的再生聚酯切片特性黏度超过 0.65dL/g，具有良好的长丝可纺性，纤维强度达 3.7cN/dtex。该技术已经进行了工业化规模的开发，不仅流程短，投资小，且切片具有很好的长丝可纺性。

（3）废旧涤纶纺织品其他化学再生工艺

近年来，宁波大发化纤有限公司和东华大学合作在纯聚酯废旧纺织品再生利用方面的研发取得了重大成果。

在废旧聚酯醇解技术方面，东华大学王华平等开发出了一种可溶于乙二醇的二元醇钛碱金属配位化合物催化剂，用于催化废旧聚酯的乙二醇醇解，实现了对废旧聚酯的高效快速解聚。该催化剂催化活性高、稳定性好、副反应少、解聚单体得率高，且对醇解和再聚合过程均有较高的催化活性，为废旧聚酯制品的连续化闭环回收提供了可能。

在废旧聚酯化学法再生利用设备方面，宁波大发化纤有限公司针对废旧聚酯杂质含量高、黏度波动大等问题，开发出了高真空调质调黏反应装置，为再生聚酯的品质调控提供了保证。

采用乙二醇醇解后所得 BHET 或低聚物无法与染料分离，经聚合得到再生聚酯仍带有废旧纺织品原料原来的颜色，这一直被认为是 EG 解聚的局限性。然而近年来一些企业与高校合作，根据 RGB 三元配色原理，利用具有不同颜色的废旧聚酯进行原料初步配色，经解聚和再聚合后，再对再生聚酯熔体进行精细配色，得到具有要求颜色的再生聚酯切片，并成功纺制出有色纤维。上述技术可实现在生产有色聚酯时在线自动配色补偿，大大提高了聚酯配色稳定性和准确率，具有很好的应用前景。

由于废旧涤纶纺织品结构性能的复杂性，因此，其高附加值再生利用需要在多个环节，采用多种技术进行集成创新，包括干燥、过滤、调质调黏、智能配色等特殊工艺及装置，只有这样才能真正实现产业化水平的高附加值综合利用。

2. 废旧涤 / 棉纺织品的化学法再生利用技术

虽然聚酯纤维在纺织纤维中的比例高达 75%，但其绝大多数是以与其他纤维混纺的形式出现的，其中涤棉混纺织物是最常见的服装面料。因此，涤棉混纺织物的化学法再生利用一直受到废旧纺织品行业的高度重视。

近年来，很多研究者采用将涤棉混纺织物中的一种成分溶解，然后再分别对涤、棉两种成分进行再生利用的方法来实现对涤棉混纺织物的再生利用。

（1）对涤 / 棉面料中的涤纶进行解聚

部分研究者采用水解、醇解等方法，将混纺织物中的涤纶降解成 BHET 或对苯二甲酸（TPA），然后将解聚液体与固态的棉纤维分离。BHET 通过缩聚可制备再生聚酯，而棉纤维可通过开松等物理法进行再生利用。例如，刘红茹等采用常压碱性水解涤纶的方法分离废旧涤棉混纺织物中的涤纶与棉纤维，并在 NaOH 浓度为 2%（质量分数），水解温度 90℃，固/液比为 5g 试样/200mL NaOH 溶液，水解时间为 2h 的最佳工艺下，得到了可再生利用的棉纤维、TPA 和 EG；赵明宇等以废旧涤棉衬衫为原料，以 EG 为醇解剂，通过改变 EG 与废旧涤棉的配比、醇解时间、醇解液循环使用次数等，研究了废旧涤棉的醇解效率。研究发现，醇解液可循环使用，最佳循环使用次数为 4，醇解后棉纤维性能满足纺纱要求。路怡斐等对乙二醇醇解后所得 BHET 进行了再聚合，所得再生聚酯特性黏度可达 0.65 dL/g，满足纺丝要求。

（2）对涤/棉面料中的棉进行解聚

另外一些研究者采用棉纤维的溶剂将涤棉中的棉成分溶出，用以制备黏胶纤维的原液或其他化工原料，而固态的涤纶可通过物理或化学法再生利用。

周文娟等采用 NMMO 溶剂在 85℃、1.5h 条件下对废旧涤棉混纺织物中的棉成分进行溶解，所得高聚合度、低纤维素含量的溶液具有良好的可纺性。而上述溶解条件对涤纶结构与性能几乎无影响。荣真等采用离子液体 1-丁基-3-甲基咪唑氯盐（[BMIM]Cl）溶解法对低棉含量废旧涤棉混纺织物中的涤纶与棉纤维进行分离。在溶解温度为 130~135℃，固液比 1~1.1g 织物 : 50g 离子液体，溶解 4h 条件下，使低含棉量的涤棉混纺织物得到很好的分离。李丽等在采用稀酸法对废旧涤棉混纺织物进行分离后，利用离子液体将分离出的棉溶解，制备纺丝原液，经纺丝得到了黏胶纤维。此外，侯文生等研究了废旧涤棉混纺织物的水热法分离回收技术。在盐酸浓度 1%、水热温度 140℃、反应时间 2.5h 的条件下，使棉纤维转化为固态纤维素或低聚糖，而涤纶的物化性能无明显损失，涤棉回收率可达 90% 以上。

近年来，包括上海聚友化工有限公司在内的一些国内公司和高校在涤棉分离设备方面也进行了开发，基本方法是在利用化学法将一种成分液化后，再利用洗涤、过滤、离心等方法将固态成分与液态成分分离。

然而，从产业化角度看，废旧涤/棉纺织品综合利用技术还很不成熟。主要原因是尚未开发出最优分离工艺和相应分离设备，而且涤棉分离过程溶剂和能量消耗量大，纯化等过程成本较高，也使很多企业在实施工业化生产时望而却步。

（五）废旧纺织品综合利用技术发展趋势

根据目前国内外废旧纺织品研发和工业化现状，未来该行业技术发展有如下趋势：

1. 分拣技术将不断升级

随着我国人工智能技术水平的不断提高，其在废旧纺织品的成分、颜色、织造结构等分拣过程的应用也将不断扩大，目前在成分分拣过程中的困难，如混纺织物、表面涂层织物、小块下脚料等难以分拣的问题，也将逐步得到解决；利用图像识别技术有望实现颜色的精细分拣，最大限度地减少同类颜色废旧纺织品的色差，减小补色等造成的原料浪费和环境污染；利用高速高清图像采集和识别技术，可实现织造结构的精细分拣，从而实现针对不同织造结构的精准开松等工艺及设备设计，提高物理法再生利用产品质量。

2. 适时开放二手服装市场

虽然2019年底爆发的新型冠状病毒肺炎疫情对国内放开二手服装市场的政策制定会产生重大影响，但是，随着人们对COVID-19病毒传播途径认识的逐渐深化，经济、高效的二手服装消毒方法的建立和验证，放开我国二手服装市场的问题必将提上政府的议事日程。二手服装市场一旦放开，必将影响我国废旧纺织品产业结构，对废旧纺织品的其他再生利用方法提出更高要求，同时必将推动我国废旧纺织品消毒、流通等行为规范和标准建设。

3. 物理法再生利用产品多样化

随着再生利用产品加工技术工艺的不断提升，废旧纺织品开松絮棉主要用于农业保温毡等低附加值领域的现象将得到改变，具有隔音降噪、高效保温、优良防水等性能的产品将不断出现，并在满足相关标准的情况下，广泛应用于建材、汽车等行业。混杂化纤共挤出技术也将在工程塑料等领域得到更多应用。

4. 化学法再生利用降低成本、提高质量

随着工艺及设备水平的提高，废旧纺织品化学法再生利用的投资和运行成本将大幅下降，随着高含杂熔体专用过滤、调质调黏、智能配色和纺丝等设备的不断改进，利用化学法再生聚酯等原料纺制的纤维质量和附加价值会不断提高，从而进一步扩大化学法在废旧纺织品综合利用中的份额。

5. 再生利用过程和产品质量检测评价方法不断健全

随着再生利用产品规模的扩大，废旧纺织品再生利用过程和产品质量的监管将会不断加强，高校、科研院所及行业第三方权威检测机构将不断建立废旧纺织品再生利用的中间产品、最终产品质量的评价方法，专用评价仪器设备将会不断推出，废旧纺织品产品、设备、经营资质等的评价/认证工作也将不断加强。

在废旧纺织品高值化综合利用过程中会遇到很多科学问题和工程技术问题，在全民资源和环境意识不断提高的今天，百姓更愿意将闲置的服装贡献给社会，希望它们能焕发出新的生命。目前，科研人员最主要的任务就是发挥材料工程、纺织工程、机械工程、染整工程及人工智能等多学科优势，集成创新，真正解决废旧纺织品行业中遇到的科学问题和关键技术难题，实现废旧纺织品的高附加值综合利用。

三、主要综合利用产品及骨干企业情况

（一）主要应用领域

1. 纺织领域

将废旧纺织品通过物理法或化学法制备成再生纤维，再通过纺纱、织布等工艺生产加工成纺织材料或制品，广泛应用于服装、家纺、产业等各个行业领域。

还可以采用机械、热黏或化学等方法，将纯化纤或混纺类废旧纺织品加工成非织造产品，如针刺非织造布、非织造文具等。

2. 农业领域

将不可纺纱的废旧纺织品开松后，生产再生纤维絮片以及帐篷、温室大棚保温被等系列产品。

3. 建材领域

将废旧纺织品开松后得到中短纤维与胶凝材料，可以用来开发系列轻质高强的建材产品，如混凝土增强材料、纤维板材、复合墙材、充填材料、纤塑制品、建筑用柔性材料等。

4. 汽车领域

将回收的化纤类纺织品和棉纺类纺织品通过物理开松技术，生产出汽车用消音防振材料及汽车内饰材料、家电用隔音隔热材料等产品。

5. 石油石化领域

利用废旧腈纶类纺织品生产钻井助剂产品复合铵盐，其他剩余物可用于生产堵漏剂系列产品。

6. 装配式建筑领域

将废旧纺织品经开松成再生纤维后，可以添加到装配式建筑外墙板、内墙板、预制梁、预制柱等构件中。

7. 文化创意领域

将废旧纺织品通过裁剪、编织、再制造等工艺，制成绘画、布艺、玩偶、工艺品等文化创意产品。

（二）骨干企业

1. 废旧纺织品再利用企业

（1）衣二三

衣二三是一家以服装租赁为主营业务的共享经济公司，平台拥有超1500万的注册用户。目前，衣二三已经入驻闲鱼、淘宝和支付宝，向用户提供服装租赁服务；建立闲鱼优品店进行二手服饰的售卖，衣二三会将过时的服饰放在闲鱼平台进行二手售卖。在闲鱼平台上，衣二三存在单件次租、会员免费穿和零售业务三种模式。衣二三先后获得多轮融资，投资方包括阿里巴巴、软银中国、红杉中国、国际数据集团（International

Data Group，IDG）资本、金沙江创投、真格基金等顶级投资机构，累计融资金额数亿美元。未来衣二三还将持续与阿里生态内的闲鱼、淘宝、天猫、支付宝和芝麻信用等进行全平台战略协同。

对于共享服装的安全健康问题，衣二三起初采取供应商模式，第二代开始自建并于2017年3月收购北京一家中央干洗工厂进行自营管理；第三代则是仓洗配一体智能运营中心。目前，衣二三的后端进行全国分仓布局和洗护的智能改造，并在北京、南通、广州和成都四地自建后端运营中心进行全国分仓管理，同时将持续进行洗护智能化、标准化、环保化的升级改造。

（2）女神派

女神派是一个女装租赁平台，业务模式借鉴美国公司Rent the Runway，从礼服租赁切入到女装租赁市场后，又先后上线了常服租赁、先试后买等服务。通过订阅女神派"无限换"的会员服务，即可不限次数享用亚洲最大女性云衣橱，女神派拥有100多个欧美一线品牌、数千个款式。女神派获得了华创资本、东方富海、经纬中国、北极光创投、蚂蚁金服等机构的融资。

2. 废旧棉纺织品综合利用企业

（1）温州天成纺织有限公司

温州天成纺织有限公司拥有废旧纺织品收集、分拣、开松、纺纱全产业链，现有自主研发的开松生产线9条，具有国际先进水平的再生纺纱设备，年产各类再生纱线6万吨。该公司利用自主研发的开松设备对针织布边角料等废旧纺织品开松形成再生纤维，用再生纤维全部或混入一定比例的原棉或化纤，利用特殊改造的纺纱设备，可生产颜色丰富多彩的各类有色纱线。原料及产品涉及废旧棉、麻、毛、丝、化纤及其他新型纤维的纯纺与混纺。产品广泛应用于牛仔布、纱卡、手套、绒布、帆布、化纤布、装饰布、弹力布、麻棉布、革基布等服装及工业用布，并且与国际服装品牌阿迪达斯、迪卡侬等研发团队进行交流合作。

（2）愉悦家纺有限公司

愉悦家纺有限公司主要利用工业废旧纺织品生产特色花式纱、系列面料和系列家用纺织品。该公司废旧纺织品再生利用理念与宜家的可持续发展战略高度契合，现已获得宜家订单，成功开发多个类别产品（窗帘、件套、靠垫、米布、灯罩、搬家毯等）；还探索废旧纺织品生产物流托盘、毯垫类产品、保温隔音类产品、再生纤维硬质板材、废旧纺织品再生利用样板房等领域应用。此外，对于印染面料在成品缝制过程中产生的布条，利用手工编织工艺，制作出小地毯，既可装饰卧室，又可做足底按摩，实现日常保健功能。

3. 废旧毛纺织品综合利用企业

（1）鼎缘（杭州）纺织品科技有限公司

鼎缘（杭州）纺织品科技有限公司是上海缘源实业有限公司和浙江华鼎集团有限责任公司为综合利用废旧纺织品专门成立的一家下属企业，该公司引进了国际先进的废旧纺织品智能化分拣、开松及非织造合成材料技术系统，开发了再生纺织产品、生态修复材料、生物质燃料等多种产品，与国际知名品牌商、各地生态环境主管部门建立良好的合作模式，基本构建了废旧纺织品回收、分拣、再生利用和产品推广的循环利用产业链。该公司得到了国家发展改革委、工信部等部委的高度重视，2015年被工信部授予"国家资源再生利用重大示范工程"。

（2）张家港市澳洋呢绒有限公司

张家港市澳洋呢绒有限公司作为 H&M 毛呢面料的供应商，积极配合 H&M 开发消费前再生羊毛产品，原料来源于废旧服装、边角料以及纺织厂的废边废丝。该公司全部采用自动化开松生产设备，从全封闭式一体化开松机到全自动液压式打包机，工厂内所有原料传输都是通过管道输送进入下一生产环节，具有较高的自动化专业化水平。

4. 废旧化纤纺织品综合利用企业

（1）宁波大发化纤有限公司

宁波大发化纤有限公司拥有国内先进的再生中空涤纶短纤维生产线，年产能超过30万吨，是全球最大产能的再生中空涤纶短纤维生产企业之一。该公司利用回收的PET饮料瓶及其他PET类废料、聚酯泡料、化纤废丝、块等为原料加工生产再生中空涤纶短纤维。近年来，该公司自主研发出一套完整的PET饮料瓶分拣、粉碎、清洗生产线和废PET原料加工专用技术设备，能将PET饮料瓶制成优质差别化再生涤纶短纤维。在中国乃至全球"再生中空短纤"行业中，其研发能力、生产能力、行业知名度、品种、效益等主要指标均处于领先地位。

（2）优彩环保资源科技股份有限公司

优彩环保资源科技股份有限公司以废塑料（瓶片）、废弃化学纤维及其制品（泡料）为原料生产高品质再生有色聚酯产品，可广泛适用于工程用非织造布、民用地毯、环保型隔音吸噪装饰材料、汽车及高铁内饰材料、功能性复合型特种纤维、高档服装面料等。

（3）浙江佳人新材料有限公司

浙江佳人新材料有限公司主要采用独有的Eco-Circle涤纶化学循环再生系统技术，以废旧服装、边角料等废旧聚酯材料为初始原料，通过彻底的化学分解还原为聚酯，重新制成新的具有高品质、多功能、可追溯、永久循环性的聚酯纤维，产品广泛用于高端运动服、职业装、校服、男女时装、家纺寝具、汽车内饰等领域，一期项目年生产2.5万吨。该公司凭借着高品质的循环再生化学纤维产品，成功和ADIDAS、NIKE、KAPPAHL、H&M、迪卡侬、宜家以及沃尔玛等国际品牌展开合作。

（4）商南天和泥浆有限公司

商南天和泥浆有限公司是国内集泥浆科研、生产、销售、现场技术服务于一体的专业公司，主要生产各种钻井、压裂和采油助剂以及污水处理、荒漠化治理等配套产品。该公司利用废旧纺织品生产出水解聚丙烯腈-铵盐和堵漏剂，产品广泛应用于天然气、石油、煤炭、煤层气、页岩气、有色金属、桩基、穿越工程、地铁防渗、污水处理和荒漠化治理等领域。

5. 废旧混纺综合利用企业

（1）京环纺织品再利用邯郸有限公司

北京环卫集团投资的京环纺织品再利用邯郸有限公司的主要产品为再生纤维、非织造和塑料合金新材料等系列产品。一是非织造产品，主要以回收的废旧衣物和服装厂的边角料为主要原料，采用废旧纺织品物理法再生利用技术对原料进行处理，生产设备为意大利进口设备，主要产品为保温、绝缘毛毡，床垫、汽车等衬垫，床垫、隔热隔音毛毡等。二是塑料合金材料，以回收废旧聚酯纺织品为主原料（50%~90%）制备塑料合金新材料。聚酯塑料合金产品可以部分代替工程ABS塑料广泛应用于土工、电子电器、箱包、建筑装饰、汽车等行业，以极低的产品成本获得较好的产品性能。目前主要产品为PET合金板材、片材及排水板等。

（2）广德天运新技术股份有限公司

广德天运新技术股份有限公司成功将废旧纺织品综合利用在白色家电和汽车领域，主要产品为白色家电用隔音、隔热材料，汽车用消音、防振材料及汽车内饰材料两大系列。该公司主要服务、合作客户有长安汽车、吉利汽车、东风汽车、格力空调、海信空调等。该公司还研究开发了废旧纺织品在工业企业、物流等行业用的托盘，农业大棚用保温材料，建筑行业用板材等各行业领域的应用。

（3）蠡县青山防水材料有限公司

蠡县青山防水材料有限公司将废旧纺织品开松后制成再生纤维，将再生纤维在聚乙烯醇中浸渍均匀，烘干后打成大卷，得到了抗老化自黏卷材的胎基。用沥青把废旧纺织品胎基浸透后进行涂层，撒上矿物颗粒，再将卷材制成自黏层，最终形成利用废旧纺织品生产的自黏性防水卷材。该产品已申请国家发明专利并出口欧美，具有绿色环保、施工简单、使用寿命长、抗老化、稳固性好、不龟裂等特点。

第四章

废旧纺织品综合利用政策制度建设情况

一、政策规划发布情况

（一）扶持性政策情况

1. 法律法规

（1）《中华人民共和国循环经济促进法（2018修正）》

2018年10月，全国人民代表大会常务委员会发布《中华人民共和国循环经济促进法（2018修正）》，提出地方人民政府应按照城乡规划，合理布局废物回收网点和交易市场，支持废物回收企业和其他组织开展废物的收集、储存、运输及信息交流。县级以上人民政府应当统筹规划建设城乡生活垃圾分类收集和资源化利用设施，建立和完善分类收集和资源化利用体系，提高生活垃圾资源化率。省、自治区、直辖市人民政府可以根据本行政区域经济社会发展状况，实行垃圾排放收费制度。收取的费用专项用于垃圾分类、收集、运输、储存、利用和处置，不得挪作他用。

（2）《中华人民共和国环境保护法》

2014年4月，全国人民代表大会常务委员会审议通过《中华人民共和国环境保护法》，《环境保护法》第三十六条规定：国家鼓励和引导公民、法人和其他组织使用有利于保护环境的产品和再生产品，减少废弃物的产生。第三十八条规定：公民应当遵守环境保护法律法规，配合实施环境保护措施，按照规定对生活废弃物进行分类放置，减少日常生活对环境造成的损害。

（3）《中华人民共和国固体废物污染环境防治法（修订草案）》

2019年6月，《中华人民共和国固体废物污染环境防治法（修订草案）》提请全国人民代表大会常务委员会审议，草案规定，健全生活垃圾污染环境的防治制度，如推行生活垃圾分类制度，要求加快建立生活垃圾分类投放、分类收集、分类运输、分类处理的垃圾处理系统，实现垃圾分类制度有效覆盖。

2. 中共中央、国务院文件

① 2016年3月，国务院发布《中华人民共和国国民经济和社会发展

第十三个五年规划纲要》，提出加快建设废旧纺织品资源化利用和无害化处理系统。

② 2015 年 4 月，中共中央、国务院发布《关于加快推进生态文明建设的意见》，提出发展循环经济，鼓励纺织品、汽车轮胎等废旧物品回收利用。

③ 2013 年 1 月，国务院发布《循环经济发展战略及近期行动计划》，提出推动废旧纺织品再生利用规范化发展。以废旧职业装再生利用为突破口，完善社会化废旧纺织品回收再利用体系。选择经济合理的废旧纺织品再生利用技术路线，推动废旧纺织品分类与安全环保加工处理，鼓励利用废旧纺织品生产建筑保温材料等产品。

④ 2016 年 11 月，国务院发布《"十三五"生态环境保护规划》，提出依托国家"城市矿产"示范基地，培育一批回收和综合利用骨干企业、再生资源利用产业基地和园区。健全再生资源回收利用网络，规范完善废钢铁、废旧轮胎、废旧纺织品与服装、废塑料、废旧动力电池等综合利用行业管理。

⑤ 2016 年 12 月，国务院发布《"十三五"节能减排综合工作方案》，提出推动餐厨废弃物、建筑垃圾、园林废弃物、城市污泥和废旧纺织品等城市典型废弃物集中处理和资源化利用。

3. 国家发展和改革委员会文件

① 2017 年 4 月，国家发展改革委等十四部门发布《循环发展引领行动》（以下简称《引领行动》），提出推进废旧纺织品资源化利用，建立废旧纺织品分级利用机制，在慈善机构、社区、学校、商场等场所设置旧衣物回收箱，建立多种回收渠道，推动军警制服、职业工装、校服等废旧制服的回收和资源化利用，鼓励服装品牌商回收本品牌的废旧衣物。

《引领行动》还提出在 100 个地级及以上城市布局城市资源循环利用产业示范基地。建设城市低值废弃物协同处理基地，对餐厨废弃物、建筑垃圾、城市污泥、园林废弃物、废旧纺织品等进行集中资源化回收和规范化处理，完善统一收运体系，建立餐厨废弃物、建筑垃圾等收运处理企业的规范管理制度，推动典型废弃物的集中规模化处理、利用。

②2017年3月,国家发展改革委、住房城乡建设部联合发布《生活垃圾分类制度实施方案》,提出可回收物的主要品种,包括:废纸,废塑料,废金属,废包装物,废旧纺织物,废弃电器电子产品,废玻璃,废纸塑铝复合包装等。

③2017年1月,国家发展改革委发布《战略性新兴产业重点产品和服务指导目录(2016版)》,提出废旧纺织品无害化再生利用。包括废旧纺织品回收、清洗、分类、分拣、再利用设备。

④2016年12月,国家发展改革委发布《"十三五"节能环保产业发展规划》,提出探索废旧太阳能光伏板、报废动力蓄电池、废碳纤维材料、废纺织品、废节能灯、农膜和农药化肥等新型废弃物的资源化利用及无害化处理技术。

⑤2016年2月,国家发展改革委等十部门发布《关于促进绿色消费的指导意见》,提出倡导绿色生活方式。开展"旧衣零抛弃"活动,完善居民社区再生资源回收体系,有序推进二手服装再利用。

⑥2011年12月,国家发展改革委发布《"十二五"资源综合利用指导意见》,提出建立废旧纺织品回收体系,开展废旧纺织品综合利用共性关键技术研发,拓展再生纺织品市场,初步形成回收、分类、加工、利用的产业链。

4. 工业和信息化部文件

①2016年12月,工信部、商务部、科技部发布《关于加快推进再生资源产业发展的指导意见》,提出推动建设废旧纺织品回收利用体系,规范废旧纺织品回收、分拣、分级利用机制。开发废旧瓶片物理法、化学法兼备的高效连续生产关键技术,突破废旧纺织品预处理与分离技术、纤维高值化再利用及制品生产技术。支持利用废旧纺织品、废旧瓶片生产再生纱线、再生长丝、再生短纤、建筑材料、市政材料、汽车内饰材料、建材产品等,提高废旧纺织品在土工建筑、建材、汽车、家居装潢等领域的再利用水平。到2020年,废旧纺织品综合利用总量预计达到900万吨。

该指导意见还提出推动废旧纺织品及废旧瓶片分离、利用技术产业化,研发推广适合国情的废旧纺织品及废旧瓶片快速检测、分拆、破碎设备，物理法、化学法兼备的高效连续生产关键技术，废旧涤纶、涤棉纺织品、纯棉纺织品再利用技术，开发一批高附加值产品。围绕回收箱等社会回收方式与高校、社区等合作共建回收体系，形成废旧纺织品回收、分类、利用全流程规范化示范。建设10家废旧纺织品及废旧瓶片综合利用规范化示范项目。

②2016年6月，工信部发布《工业绿色发展规划（2016—2020年）》，提出加快推动再生资源高效利用及产业规范发展。围绕废钢铁、废有色金属、废纸、废橡胶、废塑料、废油、废弃电器电子产品、报废汽车、废旧纺织品、废旧动力电池、建筑废弃物等主要再生资源，加快先进适用回收利用技术和装备推广应用。建设一批再生资源产业集聚区，推进再生资源跨区域协同利用，构建区域再生资源回收利用体系。落实生产者责任延伸制度，在电器电子产品、汽车领域等行业开展生产者责任延伸试点示范。促进行业秩序逐步规范，定期发布符合行业规范条件的企业名单，培育再生资源行业骨干企业。

强化产品全生命周期绿色管理，支持企业推行绿色设计，开发绿色产品，建设绿色工厂，发展绿色工业园区，打造绿色供应链，全面推进绿色制造体系建设。绿色制造体系创建工程具体内容如下所示：

绿色产品设计示范。推进绿色设计试点示范，开展典型产品绿色设计水平评价试点，培育一批绿色设计示范企业，制定绿色产品标准。到2020年，创建百家绿色设计示范企业、百家绿色设计中心，力争开发推广万种绿色产品。

绿色示范工厂创建。制定绿色工厂建设标准和导则，在钢铁、有色、化工、建材、机械、汽车、轻工、纺织、医药、电子信息等重点行业开展试点示范。到2020年，创建千家绿色示范工厂。

绿色示范园区创建。选择一批基础条件好、代表性强的工业园区，开展绿色园区创建示范工程。到2020年，创建百家示范意义强、综合水平高的绿色园区。

绿色供应链示范。以供应链核心企业为抓手，开展试点示范，实施绿色采购，推行生产者责任延伸制度，在信息通信、汽车、家电、纺织等行业培育百家绿色供应链示范企业。

③2016年9月，工信部发布《纺织工业发展规划（2016—2020年）》，提出突破一批废旧纺织品回收利用关键共性技术，循环利用纺织纤维量占全部纤维加工量比重继续增加；建设废旧纺织品回收和再利用体系，规范废旧纺织品回收、分拣、分级利用机制和"旧衣零抛弃"活动流程；开发推广废旧纺织品、瓶片物理法、化学法高值化技术，扩大和提高废旧纺织品在土工建筑、建材、汽车、家具装潢等领域的再利用水平；研发适合国内废旧纺织品的快速检测、分拆、破碎设备，开发物理法、化学法兼备的高效连续生产关键技术，突破废旧纺织品预处理、分离、高值化、再利用生产技术。

5. 民政部文件

2013年12月，民政部发布《关于加强和创新慈善超市建设的意见》，提出探索捐赠物资再生加工。积极推进以废旧衣物为主的捐赠物资再生加工工作，探索建立高效的社会捐助体系和合理的利益分配机制，利用再生加工产业的发展支持慈善超市建设。根据国家统一安排，在部分地区开展捐赠物资再生加工试点。

6. 财政部文件

①2015年6月，财政部、国家税务总局发布《资源综合利用产品和劳务增值税优惠目录》，提出纳税人销售自产的资源综合利用产品和提供资源综合利用劳务，可享受增值税即征即退政策。该目录明确规定：原材料为"废弃天然纤维、化学纤维及其制品"，产品为"纤维纱及织布、无纺布、毡、黏合剂及再生聚酯产品"，原料含废弃天然纤维、化学纤维及其制品达90%及以上的，退税比例为50%。

②2008年8月，财政部、国家税务总局、国家发展和改革委员会联合发布《资源综合利用企业所得税优惠目录（2008年版）》，提出综合利用的资源为"废弃天然纤维；化学纤维及其制品"，生产的产品为"造纸原料、纤维纱及织物、无纺布、毡、黏合剂、再生聚酯"，产品原料100%来自所列资源。

7. 商务部文件

2015年1月,商务部印发《再生资源回收体系建设中长期规划(2015—2020年)》,提出积极研究废旧纺织品、餐厨垃圾等品种的回收管理制度。

(二)二手服装交易政策

2014年11月,国务院发布《关于促进慈善事业健康发展的指导意见》,提出依法依规开展募捐活动。具有公募资格的慈善组织,面向社会开展的募捐活动应与其宗旨、业务范围相一致;新闻媒体、企事业单位等和不具有公募资格的慈善组织,以慈善名义开展募捐活动的,必须联合具有公募资格的组织进行。任何组织和个人不得以慈善名义敛财。严格规范使用捐赠款物。慈善组织应将募得款物按照协议或承诺,及时用于相关慈善项目。

2016年3月,全国人民代表大会通过《中华人民共和国慈善法》,指出慈善组织开展公开募捐,应当取得公开募捐资格。开展公开募捐,应当在募捐活动现场或者募捐活动载体的显著位置,公布募捐组织名称、公开募捐资格证书、募捐方案、联系方式、募捐信息查询方法等。

2016年2月,国家发展改革委、中宣部等十部门联合发布《关于促进绿色消费的指导意见》,提出倡导绿色生活方式。开展"旧衣零抛弃"活动,完善居民社区再生资源回收体系,有序推进二手服装再利用。明确了二手服装的发展目标和发展方向。

(三)规范性政策情况

1.《禁止洋垃圾入境推进固体废物进口管理制度改革实施方案》

2017年7月,国务院办公厅发布《禁止洋垃圾入境推进固体废物进口管理制度改革实施方案》,提出完善堵住洋垃圾进口的监管制度,强化洋垃圾非法入境管控,提升国内固体废物回收利用水平,从鼓励规范和监管控制两个层面促进国内废旧纺织品回收利用工作。

① 禁止进口环境危害大、群众反映强烈的固体废物。2017年底前,禁止进口生活来源废塑料、未经分拣的废纸以及纺织废料、钒渣等品种。

② 持续严厉打击洋垃圾走私。联合开展强化监管严厉打击洋垃圾违

法专项行动，重点打击走私、非法进口利用废塑料、废纸、生活垃圾、电子废物、废旧服装等固体废物的各类违法行为。

③ 全面整治固体废物集散地。开展全国典型废塑料、废旧服装和电子废物等废物堆放处置利用集散地专项整治行动。

④ 提高国内固体废物回收利用率。加快国内固体废物回收利用体系建设，建立健全生产者责任延伸制，推进城乡生活垃圾分类，提高国内固体废物的回收利用率，到 2020 年，将国内固体废物回收量由 2015 年的 2.46 亿吨提高到 3.5 亿吨。

⑤ 规范国内固体废物加工利用产业发展。发挥"城市矿产"示范基地、资源再生利用重大示范工程、循环经济示范园区等的引领作用和回收利用骨干企业的带动作用，完善再生资源回收利用基础设施，促进国内固体废物加工利用园区化、规模化和清洁化发展。

2.《电子废物、废轮胎、废塑料、废旧衣服、废家电拆解等再生利用行业清理整顿工作方案》

2017 年 8 月，环境保护部等六部门发布《电子废物、废轮胎、废塑料、废旧衣服、废家电拆解等再生利用行业清理整顿工作方案》，督促地方清理整顿电子废物、废轮胎、废塑料、废旧衣服、废家电拆解等再生利用活动；取缔一批污染严重、群众反映强烈的非法加工利用小作坊、"散乱污"企业和集散地；引导有关企业采用先进适用加工工艺，集聚发展，集中建设和运营污染治理设施，防止污染土壤和地下水。

① 依法取缔一批污染严重的非法再生利用企业。主要包括：与居民区混杂、严重影响居民正常生活环境的无证无照小作坊；无环保审批手续、未办理工商登记的非法企业；不符合国家产业政策的企业；污染治理设施运行不正常且无法稳定达标排放的企业；加工利用"洋垃圾"的企业（洋垃圾是指：危险废物、医疗废物、电子废物、废旧衣服、生活垃圾、废轮胎等禁止进口的固体废物和走私进口的固体废物）。对上述企业的违法行为依法予以查处，并报请地方人民政府依法对违法企业予以关停。

② 重点整治加工利用集散地。本次清理整顿集散地是指：在一个工业

园区或行政村内聚 5 家（含）以上，或在一个乡（镇、街道）内聚集 10 家（含）以上的电子废物、废轮胎、废塑料、废旧衣服、废家电拆解再生利用作坊和企业。重点检查集散地规划环评的审批和落实情况、环保基础设施建设和运行情况。对行政村内或城乡结合部与居民区混杂的集散地要依法坚决予以取缔。对环保基础设施落后、污染严重、群众反响强烈的集散地，报请地方人民政府依法予以取缔。对集散地内的非法加工利用企业要坚决予以取缔。

③ 规范引导一批再生利用企业健康发展。发挥"城市矿产"示范基地、再生资源示范工程、循环经济示范园区的引领作用和回收利用骨干企业的带动作用；完善再生资源回收利用基础设施，促进有关企业采用先进适用加工工艺，集聚发展，集中建设和运营污染治理设施；推动国内废物再生利用集散地园区化、规模化和清洁化发展；鼓励合法合规再生利用企业联合、重组，做大做强。

3.《进口废物管理目录（2017 年）》

2017 年 8 月，环境保护部、商务部、发展改革委、海关总署、质检总局发布《进口废物管理目录（2017 年）》，对《进口废物管理目录》进行了调整和修订：将来自生活源的废塑料（8 个品种）、未经分拣的废纸（1 个品种）、废纺织原料（11 个品种）、钒渣（4 个品种）等 4 类 24 种固体废物，从《限制进口类可用作原料的固体废物目录》调整列入《禁止进口固体废物目录》，如表 4-1 所示。

表 4-1 《禁止进口固体废物目录》中的废纺织原料及制品

序号	海关商品编号	废物名称	简称
69	5103109090	其他动物细毛的落毛	其他动物细毛的落毛
70	5103209090	其他动物细毛废料（包括废纱线,不包括回收纤维）	其他动物细毛废料
71	5103300090	其他动物粗毛废料（包括废纱线,不包括回收纤维）	其他动物粗毛废料
72	5104009090	其他动物细毛或粗毛的回收纤维	其他动物细毛或粗毛的回收纤维

续表

序号	海关商品编号	废物名称	简称
73	5202100000	废棉纱线（包括废棉线）	废棉纱线
74	5202910000	棉的回收纤维	棉的回收纤维
75	5202990000	其他废棉	其他废棉
76	5505100000	合成纤维废料（包括落棉、废纱及回收纤维）	合成纤维废料
77	5505200000	人造纤维废料（包括落棉、废纱及回收纤维）	人造纤维废料
78	6309000000	旧衣物	旧衣物
79	6310100010	新的或未使用过的纺织材料制经分拣的碎织物等（新的或未使用过的，包括废线、绳、索、缆及其制品）	纺织材料制碎织物
80	6310100090	其他纺织材料制经分拣的碎织物等（包括废线、绳、索、缆及其制品）	其他废织物
81	6310900010	新的或未使用过的纺织材料制其他碎织物等（新的或未使用过的，包括废线、绳、索、缆及其制品）	纺织材料制其他碎织物
82	6310900090	其他纺织材料制碎织物等（包括废线、绳、索、缆及其制品）	其他废织物

（1）废纺织原料进口情况

① 废毛进口。根据联合国贸易统计数据显示，HS 5103（羊毛或动物细毛或粗毛的废料，包括废纱线，但不包括回收纤维）包括：HS 510310（羊毛或动物细毛的落毛）、HS 510320（羊毛或动物细毛的其他废料）、HS 510330（动物粗毛废料）。2015—2017 年 HS 510310 和 HS 510320 中国大陆地区进口额和进口量情况如表 4-2 所示，HS 510330 中国大陆地区没有

进口。2015—2017 年 HS 510310 中国大陆地区进口量逐年减少，2017 年为 212.29 万千克，进口额为 1044.71 万美元。HS 510320 中国大陆地区进口额和进口量规模均较小。

表 4-2　HS 510310 和 HS 510320 中国大陆地区进口额和进口量

年份	HS 510310 进口额（万美元）	HS 510310 进口量（万千克）	HS 510320 进口额（万美元）	HS 510320 进口量（万千克）
2015 年	1620.68	355.91	1.86	1.11
2016 年	964.08	226.86	1.99	0.92
2017 年	1044.71	212.29	1.70	1.19

2017 年，HS 5103 中国大陆地区全球进口额为 1046.41 万美元，进口量为 213.48 万千克，其中前五位进口来源国如表 4-3 所示，为阿根廷、乌拉圭、捷克、泰国和印度。

表 4-3　2017 年 HS 5103 中国大陆地区前五位进口来源国

进口来源	进口额（万美元）	进口量（万千克）
全球	1046.41	213.48
阿根廷	337.66	59.78
乌拉圭	174.70	52.58
捷克	139.85	23.73
泰国	83.47	13.66
印度	69.00	11.90

② 废棉进口。根据联合国贸易统计数据显示，HS 5202（废棉，包括废棉纱线及回收纤维）包括：HS 520210（废棉纱线，包括废棉线）、HS 520291（回收纤维）和 HS 520299（其他）。2015—2017 年 HS 520210、HS 520291 和 HS 520299 中国大陆地区进口额和进口量情况如表 4-4 所示。2015—2017 年 HS 520210 中国大陆地区进口额和进口量逐年下降，

2017年进口量为3494.12万千克，进口额为2862.66万美元。2015—2017年HS 520291中国大陆地区进口额和进口量较小，但逐年增加，2017年进口量为741.79万千克，进口额为745.36万美元。2015—2017年HS 520299中国大陆地区进口额和进口量较大，并逐年上升，2017年进口量为6341.74万千克，进口额为7257.79万美元。

表4-4　HS 5202 中国大陆地区进口额和进口量

年份	HS 520210 进口额（万美元）	HS 520210 进口量（万千克）	HS 520291 进口额（万美元）	HS 520291 进口量（万千克）	HS 520299 进口额（万美元）	HS 520299 进口量（万千克）
2015年	3879.04	4329.83	33.84	56.64	4304.42	4195.61
2016年	3148.48	4157.45	533.07	641.33	6390.46	6241.01
2017年	2862.66	3494.12	745.36	741.79	7257.79	6341.74

2017年，HS 5202中国大陆地区全球进口额为10865.81万美元，进口量为10577.66万千克，其中前五位进口来源国如表4-5所示，为越南、印度、印度尼西亚、土耳其和马来西亚。

表4-5　2017年 HS 5202 中国大陆地区前五位进口来源国

进口来源	进口额（万美元）	进口量（万千克）
全球	10865.81	10577.66
越南	4265.04	3821.03
印度	1670.48	1608.18
印度尼西亚	1446.04	1216.41
土耳其	873.2	959.03
马来西亚	572.5	569.35

③化学纤维废料。根据联合国贸易统计数据显示，HS 5505（化学纤维废料，包括落绵、废纱及回收纤维）包括：HS 550510（合成纤维的废料）和HS 550520（人造纤维的废料）。2015—2017年HS 550510和HS

550520 废料的中国大陆地区进口额和进口量情况如表4-6所示。2017年，HS 550510中国大陆地区进口量为4070.78万千克，进口额为1800.62万美元。2015—2017年 HS 550520中国大陆地区进口额和进口量规模较小，2017年进口量为44.00万千克，进口额为34.53万美元。

表4-6　HS 5505中国大陆地区进口额和进口量

年份	HS 550510 进口额（万美元）	HS 550510 进口量（万千克）	HS 550520 进口额（万美元）	HS 550520 进口量（万千克）
2015年	1893.47	3758.29	2.91	4.84
2016年	1491.39	3520.49	32.41	39.08
2017年	1800.62	4070.78	34.53	44.00

2017年，HS 5505中国大陆地区全球进口额为1835.15万美元，进口量为4114.78万千克，其中前五位进口来源国如表4-7所示，为日本、泰国、美国、墨西哥和印度尼西亚。

表4-7　2017年HS 5505中国大陆地区前五位进口来源国

进口来源	进口额（万美元）	进口量（万千克）
全球	1835.15	4114.78
日本	444.99	964.16
泰国	274.63	630.52
美国	128.24	262.55
墨西哥	112.73	245.78
印度尼西亚	85.93	180.82

④旧衣物及废布。根据联合国贸易统计数据显示，HS 6309（旧衣物），中国大陆地区近10年基本不进口。HS 6310（新或旧的破、碎织物，线、绳、索、缆的废、碎料以及线、绳、索、缆或纺织材料的破旧制品）包括：HS 631010（经分拣的废布）和 HS 631090（其他）。2015—2017

年 HS 631010 和 HS 631090 中国大陆地区进口额和进口量情况如表 4-8 所示，2017 年 HS 631010 中国大陆地区进口量为 2016.65 万千克，进口额为 1021.65 万美元。2017 年 HS 631090 中国大陆地区进口量为 13806.65 万千克，进口额为 6972.59 万美元。

表 4-8　HS 630900、HS 631010 和 HS 631090 中国大陆地区进口额和进口量

年份	HS 630900 进口额（万美元）	HS 630900 进口量（万千克）	HS 631010 进口额（万美元）	HS 631010 进口量（万千克）	HS 631090 进口额（万美元）	HS 631090 进口量（万千克）
2015 年	—	—	2503.92	4857.91	7342.50	14208.62
2016 年	3.14	0.0052	1952.56	3812.34	6830.07	13569.07
2017 年	—	—	1021.65	2016.65	6972.59	13806.65

2017 年，HS 6310 中国大陆地区全球进口额为 7994.24 万美元，进口量为 15823.30 万千克，其中前五位进口来源国如表 4-9 所示，为孟加拉国、越南、柬埔寨、印度尼西亚和泰国。

表 4-9　2017 年 HS 6310 中国大陆地区前五位进口来源国

进口来源	进口额（万美元）	进口量（万千克）
全球	7994.24	15823.30
孟加拉国	2884.01	5670.06
越南	1830.53	3587.08
柬埔寨	925.74	1772.03
印度尼西亚	655.80	1268.05
泰国	344.45	670.56

（2）禁止进口废纺织原料对中国废旧纺织品产业的影响

① 有利于推动我国废旧纺织品综合利用产业发展。《禁止进口固体废物目录》中的废纺织原料禁止进口后，我国废旧纺织品再生利用企业将选

择使用国内废旧资源，促进了有关企业采用先进适用加工工艺，推动了国内废旧纺织品再生利用集散地园区化、规模化和清洁化，规范引导再生利用企业健康发展。

② 国内纺织原料供给受到一定程度影响，低端废旧纺织品再生利用产业转移。国家取缔一批污染严重的废旧纺织品再生利用企业，清理整顿废旧纺织品加工利用集散地，大量技术含量低、低端重复的废旧纺织品再生利用企业面临原料、技术、环保、管理等诸多压力，逐步停产或将再生利用产业向其他区域转移。

二、标准、规范制定和修订情况

（一）国家标准

1.《再加工纤维基本安全技术要求》

黑龙江省纤维检验局牵头制定了《再加工纤维基本安全技术要求》（GB/T 32479—2016），该标准规定了再加工纤维的术语和定义、基本安全技术要求、检验、判定规则和标识等。该标准适用于生产、加工及销售的再加工纤维。

2.《废旧纺织品分类与代码》

中国标准化研究院、中国循环经济协会等机构制定了《废旧纺织品分类与代码》（GB/T 38923—2020），该标准规定了废旧纺织品的分类分级方法、编码规则和代码结构、分类及代码、分级与质量要求、试验方法和检验规则，适用于废旧纺织品的收集、分拣、加工和再利用等过程，不适用于包括医疗废物在内的危险废物的废旧纺织品。该标准为废旧纺织品回收管理和分类利用提供技术支撑。

3.《废旧纺织品回收技术规范》

中国标准化研究院、中国循环经济协会等机构制定了《废旧纺织品回收技术规范》（GB/T 38926—2020），该标准规定了废旧纺织品回收的总体要求、收集、分拣、储存、运输和环境保护要求。适用于废旧纺织品的收集、分拣、运输与储存等过程，不适用于包括医疗废物在内的危险废物的废旧纺织品。该标准为规范废旧纺织品收集分拣过程、促进废旧纺织品高值化利用提供技术支撑。

4.《废旧纺织品再生利用技术规范》（通过审查、待发布）

中国标准化研究院、中国循环经济协会等机构制定了《废旧纺织品再生利用技术规范》（计划号20154038-T-469），该标准规定了废旧纺织品再生利用的总体要求、前处理、再生利用和环境保护要求。适用于废旧纺织品的再生利用，为废旧纺织品再生利用过程中质量提升和环境保护提供技术支撑。

（二）行业标准

1.《废旧纺织品再加工短纤维》

中国纺织工业联合会牵头制定了《废旧纺织品再加工短纤维》（FZ/T 07002—2018），该标准规定了废旧纺织品再加工短纤维的术语和定义、分类和标识、技术要求、试验方法、检验规则、包装、标志、运输和储存的要求。该标准适用于废旧纺织品回收采用物理方法生产的棉类、毛类和化纤类再加工短纤维的检验、分类、定等和验收。

2.产品标准

近年来，工业和信息化部发布了一系列废旧纺织品再生利用产品行业标准，如表4-10所示。

表4-10 废旧纺织品再生利用产品行业标准

序号	标准名称	标准编号	类型
1	低熔点聚酯（LMPET）/再生聚酯（RPET）复合短纤维	FZ/T 52052—2018	行标
2	再生有色涤纶低弹丝	FZ/T 54096—2017	行标
3	再生有色涤纶牵伸丝	FZ/T 54097—2017	行标
4	纤维级再生聚酯切片（PET）	FZ/T 51013—2016	行标
5	再生异形涤纶短纤维	FZ/T 52042—2016	行标

续表

序号	标准名称	标准编号	类型
6	再生聚酯（PET）瓶片	FZ/T 51008—2014	行标
7	再生涤纶短纤维	FZ/T 52010—2014	行标
8	充填用再生涤纶超短纤维	FZ/T 52038—2014	行标
9	再生聚苯硫醚短纤维	FZ/T 52039—2014	行标
10	再生涤纶预取向丝/牵伸丝（POY/FDY）异收缩混纤丝	FZ/T 54078—2014	行标
11	再生丙纶牵伸丝	FZ/T 54075—2014	行标
12	再生涤纶与棉混纺色纺纱	FZ/T 12043—2013	行标
13	再生有色涤纶短纤维	FZ/T 52025—2012	行标
14	再生阻燃涤纶短纤维	FZ/T 52026—2012	行标
15	再生涤纶预取向丝	FZ/T 54046—2012	行标
16	再生涤纶低弹丝	FZ/T 54047—2012	行标
17	再生涤纶牵伸丝	FZ/T 54048—2012	行标
18	再生纤维素纤维凉席	FZ/T 62013—2019	行标

（三）团体标准

1.《废旧纺织品回收利用规范》

中国循环经济协会发布了《废旧纺织品回收利用规范》（T/CACE 012—2019），该标准规定了废旧纺织品回收利用的企业资质、回收、运输、储存、分拣、消毒、再利用、再生利用、安全和环保等要求。该标准适用于废旧纺织品回收利用规范化管理。

2.《二手服装消毒工艺规范》

中国循环经济协会发布了《二手服装消毒工艺规范》（T/CACE 013—2019），该标准规定了二手服装在分销（分发）活动之前的消毒工艺要求。该标准适用于生活源二手服装（非医源/非工装）。

3.《再生聚酯纤维生产技术规程》

湖北省标准化学会发布了《再生聚酯纤维生产技术规程》（T/HBAS 001—2019），该标准规定了再生聚酯纤维生产技术规程的术语和定义、原料要求、生产设备与工艺流程、生产工艺控制及技术要求、安全环保要求和检验方法。适用于以废弃PET瓶片为原料的再生聚酯纤维的车间生产。

4.《生活垃圾分类体系建设居民废旧纺织品回收利用规范》

山东省循环经济协会发布了《生活垃圾分类体系建设居民废旧纺织品回收利用规范》（T/SACE 003—2018），该标准规定了城市废旧纺织品回收体系建设中回收箱的规格要求、放置办法、回收运输、后端分拣处置要求。适用于城市垃圾分类中居民废旧纺织品回收体系建设，包括床上用品、衣物、箱包、鞋子等淘汰纺织品回收利用。

5.《化学法循环再利用涤纶低弹丝》

浙江省浙江制造品牌建设促进会发布了《化学法循环再利用涤纶低弹丝》（T/ZZB 0499—2018），该标准规定了化学法循环再利用涤纶低弹丝的术语和定义、产品标识、基本要求、技术要求、试验方法、检测规则、标志、包装、运输、储存和质量承诺。适用于总线密度20～1000dtex、单丝线密度0.3～5.6dtex、圆形截面的半消光、有光、全消光化学法循环再利用涤纶低弹丝，其他类型的涤纶低弹丝可参照使用。

6.《捐赠用纺织品通用技术要求》

中国纺织工业联合会发布了《捐赠用纺织品通用技术要求》（T/CNTAC 6—2018），该标准规定了捐赠用纺织品的术语和定义、产品分类、要求、试验方法、检验规则、包装、储运和标志。适用于通过公益或其他机构回收、专业消毒维护后捐赠的纺织产品以及公益或其他机构接收的由机构或企业捐赠的新产品。

7.《循环再利用聚酯（PET）纤维鉴别方法》

中国化学纤维工业协会发布了《循环再利用聚酯（PET）纤维鉴别方法》（T/CCFA 00005—2016），适用于本色、有色循环再利用聚酯（PET），其他循环再利用聚酯可参照使用。

8.《循环再利用化学纤维（涤纶）行业绿色采购规范》

中国化学纤维工业协会发布了《循环再利用化学纤维（涤纶）行业绿色采购规范》（T/CCFA 00006—2016），适用于循环再利用化学纤维（涤纶）加工过程中所使用的回收聚酯[聚酯（PET）包装材料（瓶/瓶片、膜、片材、打包带等）、聚酯废丝/浆块、下脚料等]、辅料[色粉、母粒（色母粒、功能性母粒）、聚酯（PET）碎片清洗剂、纺织助剂（纺丝油剂、硅油、抗静电剂、功能性整理剂等）]和包装材料（纸箱、标签、纸箱上的油墨、胶带、捆绑带、托盘、泡沫、纸管、包装袋/带等）的采购。

9.《再生棉纱线（环锭纺）》

中国循环经济协会发布了《再生棉纱线（环锭纺）》（T/CACE 014—2019），该标准规定了再生棉纱（以再生棉纤维使用量大于30%，含不同颜色）的产品分类、要求、试验方法、检验规则和标志、包装。适用于环锭机制再生棉纱线，不适用于特种用途再生棉纱线。

10.《再生棉纱线（气流纺）》

中国循环经济协会发布了《再生棉纱线（气流纺）》（T/CACE 015—2019），该标准规定了再生棉纱（以再生棉纤维使用量大于50%，含不同颜色）产品的分类、要求、试验方法、检验规则和标志、包装。该标准适用于气流纺机制再生棉纱线，不适用于特种用途再生棉纱线。

11.《再生涤棉混纺纱线（气流纺）》

中国循环经济协会发布了《再生涤棉混纺纱线（气流纺）》（T/CACE 016—2019），该标准规定了再生涤棉混纺（以再生棉和再生涤混纺，含不同颜色，以涤含量50%以上称为涤/棉，涤含量50%以下称为CVC）的产品分类、要求、试验方法、检验规则和标志、包装。该标准适用于气流纺机制再生涤棉混纺纱线，不适用于特种用途再生涤棉纱线。

（四）地方标准

1. 深圳市《废旧织物回收及综合利用规范》

深圳市生活垃圾分类管理事务中心牵头制定了《废旧织物回收及综合利用规范》（SZDB/Z 326—2018），该标准对废旧织物回收、暂存、分拣、储存、清洗消毒、再生利用、处理处置等方面的要求作出规定。该标准适用于深圳市范围内废旧织物回收企业和综合利用企业的有关经营活动。其中，规范明确指出废旧织物综合利用企业的工作场所包括废旧织物储存区、预处理区、再生利用工作区、打包区、成品区，应不小于800平方米，消毒区不小于200平方米。累计废旧织物综合利用企业面积应不小于1000平方米。

2. 安全技术标准

针对产业发展需要，各地方也制定了废旧纺织品安全技术标准，如浙江省发布了《再加工纤维制品通用安全技术要求》（DB33/ 706—2008），福建省发布了《再加工纤维制品通用技术要求》（DB35/T 982—2010），山东省发布了《再加工纤维制品通用安全技术要求》（DB37/T 1761—2010）等地方标准。

三、试点示范建设情况

（一）生态环境部"无废城市"建设情况

2018年12月，国务院办公厅发布《"无废城市"建设试点工作方案》（以下简称《工作方案》），《工作方案》提出，到2020年，系统构建"无废城市"建设指标体系，探索建立"无废城市"建设综合管理制度和技术体系，试点城市在固体废物重点领域和关键环节取得明显进展，大宗工业固体废物储存处置总量趋零增长、主要农业废弃物全量利用、生活垃圾减量化资源化水平全面提升、危险废物全面安全管控，非法转移倾倒固体废物事件零发生，培育一批固体废物资源化利用骨干企业。

《工作方案》还提出以绿色生活方式为引领，促进生活垃圾减量。通过发布绿色生活方式指南等，引导公众在衣食住行等方面践行简约适度、绿色低碳的生活方式。多措并举，加强生活垃圾资源化利用。全面落实生活垃圾收费制度，推行垃圾计量收费。建设资源循环利用基地，加强生活垃圾分类，推广可回收物利用、焚烧发电、生物处理等资源化利用方式。

2019年4月，生态环境部综合考虑候选城市政府积极性、代表性、工作基础及预期成效等因素，筛选确定了广东省深圳市、内蒙古自治区包头市、安徽省铜陵市、山东省威海市、重庆市（主城区）、浙江省绍兴市、海南省三亚市、河南省许昌市、江苏省徐州市、辽宁省盘锦市、青海省西宁市11个城市作为"无废城市"建设试点。同时，将河北雄安新区、北京经济技术开发区、中新天津生态城、福建省光泽县、江西省瑞金市作为特例，参照"无废城市"建设试点一并推动。

2019年5月8日，生态环境部发布《"无废城市"建设试点实施方案编制指南》和《"无废城市"建设指标体系（试行）》。统筹工业、农业、生活、消费等领域各类固体废物的产生、收运、利用与处置管理需求，整体推进，补齐短板，发挥协同增效作用。

（二）国家发展改革委资源循环利用基地建设情况

2017年10月，国家发展改革委、财政部、住房城乡建设部发布《关于推进资源循环利用基地建设的指导意见》，提出到2020年，在全国范围内布局建设50个左右资源循环利用基地，基地服务区域的废弃物资源化利用率提高30%以上，探索形成一批与城市绿色发展相适应的废弃物处理模式，切实为城市绿色循环发展提供保障。

资源循环利用基地是对废钢铁、废有色金属、废旧轮胎、建筑垃圾、餐厨废弃物、园林废弃物、废旧纺织品、废塑料、废润滑油、废纸、快递包装物、废玻璃、生活垃圾、城市污泥等城市废弃物进行分类利用和集中处置的场所。基地与城市垃圾清运和再生资源回收系统对接，将再生资源以原料或半成品形式在无害化前提下加工利用,将末端废物进行协同处置，实现城市发展与生态环境和谐共生。

2018年5月，国家发展改革委办公厅、住房城乡建设部办公厅印发《关于推进资源循环利用基地建设的通知》，公布了《资源循环利用基地建设方案编制指南》，要求基地所在城市相关政府部门制定本区域资源循环利用基地建设规划，结合区域发展实际需求，提出基地3年建设方案，出台相应保障政策。2018年9月，国家发展改革委、住房城乡建设部联合发布了符合条件的 50 家国家资源循环利用基地名单。

（三）国家发展改革委资源综合利用"双百工程"

"十二五"期间，国家发展改革委开展资源综合利用"双百工程"建设，在全国重点培育和扶持百个资源综合利用示范工程（基地）和百家资源综合利用骨干企业，建设领域如下：

① 矿产资源综合利用，包括共伴生矿产及尾矿资源综合利用（煤层气发电除外）；

② 产业废物综合利用，包括煤矸石、粉煤灰、工业副产石膏、冶炼渣、建筑废物综合利用（煤矸石发电除外）；

③ 废旧资源综合利用，包括废旧轮胎、废弃包装物、废旧纺织品再生利用。

2012 年 11 月，国家发展改革委公布首批资源综合利用"双百工程"示范基地和骨干企业名单。确定 24 个地区和单位为首批资源综合利用"双百工程"示范基地；确定 26 家单位为首批资源综合利用"双百工程"骨干企业。

2014 年 10 月，国家发展改革委公布第二批资源综合利用"双百工程"示范基地和骨干企业名单，如表 4-11 和表 4-12 所示。确定 19 个地区和单位为第二批资源综合利用"双百工程"示范基地，其中包括 1 家废旧纺织品综合利用基地；确定 24 家单位为第二批资源综合利用"双百工程"骨干企业，其中包括 3 家废旧纺织品综合利用企业。

表 4-11 资源综合利用"双百工程"示范基地名单（第二批）

基地名称	主要利用资源	建设目标任务
浙江省苍南县	废旧纺织品	到 2018 年，年回收利用废旧纺织品 370 万吨，再生纤维原料制成率达到 80%，实现资源综合利用产值 260 亿元

表 4-12　资源综合利用"双百工程"骨干企业名单（第二批）

企业名称	主要利用资源	建设目标任务
江苏环宇汽车零部件有限公司	废旧纺织品	到 2018 年，废旧纺织品的综合利用率达到 85%，年利用量达到 39 万吨，实现资源综合利用年产值 14.6 亿元
江苏省扬州天富龙科技纤维有限公司	废旧纺织品	到 2018 年，废旧纺织品资源综合利用率达到 99%，资源综合利用量达到 31.9 万吨，实现资源综合利用产值 31 亿元
浙江富源再生资源有限公司	废旧纺织品	到 2018 年，废旧纺织品资源综合利用率达到 85% 以上，综合利用量 14 万吨，实现综合利用年产值 10 亿元

（四）工信部资源再生利用重大示范工程

2015 年 5 月，工信部印发《关于开展国家资源再生利用重大示范工程建设的通知》，提出示范项目选择范围：废钢铁、废有色金属、废旧轮胎、废塑料、废油、废旧纺织品、建筑废弃物、废弃电器电子产品、报废汽车等资源再生利用。

2015 年 12 月，工信部公布 85 项国家资源再生利用重大示范工程，其中废纺织品领域有 4 项，包括商南天和泥浆有限公司的年处理 5 万吨废旧纺织品再生利用项目、铜陵华源汽车内饰材料有限公司的年产 35 万件麻类环保型汽车内饰件项目、宁波大发化纤有限公司的利用废旧纺织品生产差别化再生涤纶短纤维建设项目、浙江华鼎集团有限责任公司的年综合利用 6 万吨废旧纺织品项目，如表 4-13 所示。

表 4-13 国家资源再生利用重大示范工程

领域	项目名称	申报企业	省份
废纺织品	年处理 5 万吨废旧纺织品再生利用项目	商南天和泥浆有限公司	陕西
	年产 35 万件麻类环保型汽车内饰件项目	铜陵华源汽车内饰材料有限公司	安徽
	利用废旧纺织品生产差别化再生涤纶短纤维建设项目	宁波大发化纤有限公司	浙江
	年综合利用 6 万吨废旧纺织品项目	浙江华鼎集团有限责任公司	浙江

四、政策制度建设情况分析

（一）取得的成效

目前，国家和地方有关部门针对废旧纺织品综合利用制定了一系列指导性文件，取得积极的成效。一方面，"十二五"以来，国家发展改革委、工信部、财政部、民政部、住房城乡建设部、商务部等国家部委出台多项废旧纺织品回收利用的利好政策，并且通过增值税和所得税减免、中央预算内项目资金支持、试点示范建设等方面对行业进行扶持和引导；另一方面，国家进一步加大环保执法力度，限制洋垃圾进口，清理整顿国内废旧服装集散市场、加强环保督查、分类征收环保税，规范国内废物加工利用产业发展。

废旧纺织品回收利用行业在国家宏观政策的支持和规范下，积极构建废旧纺织品回收、分拣、拆解、加工、利用产业链，逐步实现规范化和规模化发展。纯涤类废旧纺织品综合利用实现产业化应用；建成年利用 5 万吨废旧纺织品生产汽车内饰和空调外壳生产线。成功研发了具有自主知识产权的废旧纺织品生产高性能复合聚酯合金塑料、防水卷材、非织造布、石油钻井助剂、墙体保温材料、生态修复材料等技术及产品，市场附加值高，并且达到国际先进水平。还成功引进自动化分拣、精细开松、气流成网、化学法生产再生涤纶等国际先进技术装备。

（二）存在的问题

1. 政策执行的力度有待加强

各地发展不均衡，体系不够完善导致政策执行有所偏差，鼓励类政策居多导致实施力度较弱。特别是没有专门的《废旧纺织品综合利用管理条例/办法》，废旧纺织品综合利用产业链构建和商业模式形成方面，进展较为缓慢。

2. 政策的全面性和配套性有待完善

开展废旧纺织品综合利用可以有效补充和替代原生纺织原料，但某些品种在价格上与原生资源产品竞争没有优势，一定程度上影响了废旧纺织品综合利用产品的市场推广，综合利用企业的主动性和积极性不高，如能给再生利用产品一定政策支持将有利于限制天然纺织原料和石油类纺织原料的使用。

第五章
废旧纺织品综合利用发展方向及前景展望

一、发展前景

随着废旧纺织品综合利用产业的壮大，相关企业越来越深刻地认识到，废旧纺织品综合利用技术的开发直接影响其利用价值。预计在未来的几年时间里，我国废旧纺织品相关产业将在分拣技术、物理法综合利用技术和化学法综合利用技术等方面有长足进步，推动产业整合，淘汰落后技术和落后企业，逐渐建立起技术先进、规模合理、模式可复制的覆盖全国的废旧纺织品综合利用网络。

（一）回收方面

将逐渐建立与互联网门户企业合作，形成新品派送、旧衣回收、积分打折的统筹物流模式，改变走街串巷、小区设立回收箱的现有模式，使旧衣回收更高效。相应的技术开发包括，网络平台统筹派送软件的开发、可多次利用包装材料开发等。

（二）分拣技术方面

将逐渐推广自动化分拣技术，进一步细化分拣类别，采用近红外光谱分拣系统、图像识别技术等，实现对废旧纺织品的成分、颜色、织造结构、款式的自动分拣，结合规模化分拣中心建设，逐渐实现全面自动化分拣。

（三）物理法综合利用技术方面

将充分利用分拣技术的成果，根据废旧纺织品的成分和织造结构，开发更科学、有针对性的废旧纺织品开松设备和开松工艺，增加开松纤维长度，提高再生纤维的利用领域和价值；利用颜色分拣成果，更细分开松前废旧纺织品的颜色，获得细分颜色的废旧纺织品再生纤维，通过测色、配色技术，制备市场需求颜色的再生产品，扩大再生利用产品的应用范围，减少脱色和再次上色造成的染料投入和环境污染。

（四）化学法综合利用技术方面

将进一步优化涤纶类废旧纺织品降解、脱色、再聚合技术，减少处理流程，降低加工成本，实现涤纶类废旧纺织品的多次循环再生；将逐步推广工艺路线简单，成本较低廉的涤纶类废旧纺织品的不经脱色、部分降解、再次增黏的化学法再生利用技术，逐步实现所得再生聚酯切片的长丝可纺性，通过纤维配色技术，扩大上述再生纤维的应用领域，减少由于全降解、脱色等工艺造成的成本过高和环境污染等问题。

（五）闲置服装再利用方面

将逐步推广安全、高效、经济的废旧衣物消毒方法，设计制造符合上述要求的工业型废旧衣物消毒专用设备，在确保废旧衣物消毒效果的同时，最大限度地保持被消毒旧衣的颜色、力学性能不发生明显变化，提高闲置服装的市场认知，逐步打开闲置服装再利用的国内市场。

二、工作建议

（一）加快废旧纺织品回收利用的法制化进程，将生产者责任延伸制度拓展到纺织工业领域

建议在《循环经济促进法》修订内容中加入废旧纺织品回收及利用条款，强化相关制度建设内容，为后续编制《废旧纺织品回收及利用条例/意见/办法》奠定基础。同时，建议拓展我国实行生产者责任延伸制度的领域和范围，明确服装和家纺等企业在产品的设计、加工过程中要考虑废旧纺织品的综合利用，探索建立废旧纺织品回收利用产业引导基金，用于补贴回收、分拣、处理及利用企业。

（二）争取国家政策支持

推动资源综合利用增值税和所得税目录的定期调整和落实。一是需要保持政策的稳定性，每两年对资源综合利用增值税和所得税目录进行调整；

二是针对回收企业无法开具进项税发票的情况，设定资源综合利用产品增值税扣税凭证，仅作为抵扣增值税进项税额使用。积极协调有关部委利用循环经济专项资金支持废旧纺织品综合利用工作。推动有条件的地区试行资源综合利用产品政府绿色采购制度，为废旧纺织品综合利用市场化奠定基础。

（三）建立废旧纺织品综合利用标准体系

在循环经济标准体系下，成立废旧纺织品综合利用标准工作小组，编制废旧纺织品综合利用标准体系框架，逐步制定基本术语、二手服装交易及标识、废旧纺织品综合利用、再生利用产品等系列标准，明确准入门槛。

（四）探索开展废旧纺织品综合利用行业准入和产品认证工作

研究制定废旧纺织品综合利用行业准入条件、行业管理办法等。借鉴国际经验，探索开展二手服装再利用标识制度以及废旧纺织品综合利用技术、产品、企业的评价/认证制度。

（五）构建多渠道回收体系

将废旧纺织品回收纳入废旧商品回收体系，继续发挥民政部慈善超市的回收渠道，在有条件的社区、学校、机关等场所设置废旧纺织品回收箱；鼓励线上线下相结合的回收模式；有序建立回收配套的规范化、专业化、精细化分拣中心；鼓励知名品牌服装、家纺、流通企业利用营销渠道回收废旧纺织品。

（六）探索建立旧衣物分级利用机制

一是有序开展废旧纺织品翻新利用，继续发挥捐赠扶贫和慈善超市的积极作用，进一步探索建设二手市场的体制机制；二是拓宽再生利用产品渠道，鼓励产品用于救灾物资、城市工程、建筑材料、汽车内饰、家具装潢等领域；三是加强废旧纺织品综合利用上下游衔接，形成良性运转的回收利用模式，构建回收利用全产业链。

（七）技术研发及产品设计，打通回收利用全产业链

要加快共性关键技术研发，构建回收、分拣、清毒、开松、再生利用、多样化产品的全周期循环经济技术链。研究制定废旧纺织品综合利用技术分类指导目录，鼓励采用新技术，逐步淘汰落后工艺。

（八）探索开展企业回收利用的经济可行性分析，形成适合产业规范化可持续发展的商业模式

在综合考虑废旧纺织品回收利用产业链全流程以及原料来源、关键技术、产品市场、政策引导等因素的基础上，组织专家学者建立研究模型，分析产业经济可行性，开展废旧纺织品综合利用规范化可持续商业模式研究。

（九）结合京津冀、长三角、珠三角等国家区域发展战略，系统谋划合理布局，建设废旧纺织品综合利用试点城市、园区、企业和项目

支持试点城市建设，畅通回收、分拣、清洗、消毒、再利用和再生利用的全过程；依托纺织产业集群分布，规范整合已有废旧纺织品集散地，分类建设边角料、涤纶、棉、毛类试点园区；建设若干试点企业，推动军警制服、职业工装等废旧制服的综合利用；支持利用废旧纺织品生产再生纱线、再生长纤、再生短纤、建筑材料、市政材料等重点产业化项目。

（十）持续宣传废旧纺织品综合利用的意义和理念，提升大众的环保意识

通过多种形式宣传循环经济理念，开展废旧纺织品校园、社会回收活动，并通过高层论坛、展览会等形式，利用各种舆论工具进行宣传，对中小学、政府公务人员、社会各界等进行环境教育，推广废旧纺织品综合利用的政策措施、典型案例、先进经验。鼓励行业内企业开展创意设计大赛，拓展废旧纺织品综合利用的产品类型，通过品牌企业门店展示、艺术作品

展览等形式，唤醒大众的环保意识。积极倡导环保健康、循环利用的生产生活方式，在全社会推动形成废旧纺织品回收和利用的良好氛围。

第六章
瑞典纺织行业循环经济领域的政策与实践

一、政府的政策

瑞典王国，简称瑞典，是北欧五国之一，总面积约45万平方公里，是北欧最大的国家，人口只有1011万人。瑞典是一个高度发达的国家，欧盟成员国之一。瑞典一直致力于推动联合国气候变化年会等国际环境问题的谈判。瑞典的立场是，通过长期提高能源效率和增加可再生能源供应，实现可持续和稳定的能源供应。

早在20世纪60~70年代，瑞典就认识到有限的自然资源正在不断地减少，1967年瑞典建立环境保护机构，也是全球第一个建立环境保护机构的国家。1972年，瑞典主办了第一次联合国环境会议❶，促成了联合国环境规划署（UNEP）的成立，该署是迄今为止全球重要的环境管理机构❷。瑞典还是1998年签署《京都议定书》和2002年批准《京都议定书》的首批国家之一。《斯德哥尔摩公约》（2001年）是一项旨在持久性地免受有机污染物危害的全球公约，是由瑞典为主导提出的。这使瑞典在废物管理、酸雨预防、可持续城市规划和循环利用等领域，成为全球领先国家。

（一）瑞典循环经济管理机构

1. 瑞典废弃物管理机构

环境部（Ministry of the Environment）是瑞典政府部门，负责政府有关化学品、自然环境和生物多样性的环境政策。该部致力于处理气候、能源、生物多样性、化学品、生态循环、自然和森林保护、海洋和水环境、辐射安全和国际环境合作等问题。

瑞典环境保护署（Swedish Environmental Protection Agency，EPA），是瑞典负责环境问题的公共机构。该机构代表瑞典政府执行与瑞典、欧盟和国际环境有关的任务。主要职责包括：编制各类与环境相关的文件、制定环保政策和实施环保政策。

---

❶ Sweden Case Study Analysis of National Strategies for Sustainable Development. https://www.iisd.org/pdf/2004/measure_sdsip_sweden.pdf.
❷ http://www.swedishepa.se/Environmental-objectives-and-cooperation/Cooperation-internationally-and-in-the-EU/International-cooperation/Multilateral-cooperation/UNEP/.

瑞典废物管理协会（The Swedish Waste Management Association），即 Avfall Sverige❶，是瑞典废物管理和回收机构，拥有 400 名来自公共和私人废物管理和回收部门的成员企业，负责全国所有城市的垃圾回收和再利用。Avfall Sverige 每年出版《瑞典废物管理》(*Swedish Waste Management*) 报告，报告发布瑞典生活垃圾回收再利用的相关统计数据。

2. 瑞典循环经济委员会

瑞典政府在 2018 年组建循环经济委员会。委员会及其秘书处设在瑞典企业和创新部下属的经济和区域增长署，环境部也参与其中。

2019 年 1 月 21 日，瑞典首相 Stefan Löfven 在政府政策声明中表示："瑞典必须进一步发展资源节约型、循环型和生物型经济。瑞典消费者应该做出可持续和无毒的选择。将采取更多措施以便于再生利用和再利用，将实行生活垃圾最低服务等级，将对更多的产品提出押金制要求，并防止微塑料的扩散。"

循环经济委员会由主席 Åsa Domeij 和来自工业界、学术界和两个机构的七名代表组成，一个机构聚集了公共和私人废物管理和回收利用部门，另一个机构聚集了回收利用领域的瑞典公司。

循环经济委员会的主要任务如下：

① 成为向循环经济社会转变的协调力量；

② 在国家和区域层面建立一种有创造性、有竞争力和可持续的经济类型；

③ 设置一个过渡时期，支持国家环境目标，增强瑞典的竞争力，并提升瑞典对实现 2030 年议程中的可持续发展目标的贡献度；

④ 减轻环境和气候影响。

为了完成这些任务，循环经济委员会将制定向循环经济过渡的战略，确定障碍和机遇以及相互冲突的规则制度。它还将为利益相关方提供重点、促进合作，并推出一个网站，向利益相关方展示优秀案例和常规知识。

循环经济委员会将每年向政府报告一次。报告将包括关于成本效益的措施和手段的建议，以协助从线性经济过渡到循环经济。循环经济委员会

---

❶ 瑞典废物管理协会 https://www.avfallsverige.se/in-english.

还得到了一个由大约 45 名循环经济各领域专家组成的参考小组的支持。

（二）瑞典可持续发展和循环经济政策

1. 政策文件

瑞典的《环境法》（The Environmental Code）于 1998 年通过，1999 年 1 月 1 日生效，是一项重要的立法，旨在推动可持续发展。该法包括 33 章，包括近 500 节。并取代了原有的《环境保护法》（Environment Protection Act），该法规定了适用于影响环境的每个个体和企业的原则。

2003 年，瑞典政府出台的《瑞典可持续发展战略：经济、社会和环境》（A Swedish Strategy for Sustainable Development-Economic, Social and Environmental）❶，是 2002 年提出的国家可持续发展战略的修订版，基于 2002 年世界可持续发展峰会欧盟所提出的可持续发展战略的经济、社会和环境三个维度进行修订。至此，瑞典确立了可持续发展是第一国策。

2015 年 9 月，联合国可持续发展峰会通过《2030 年可持续发展议程》（Transforming our World:the 2030 Agenda for Sustainable Development），提出了 17 个可持续发展目标（Sustainable Development Goals，SDGs）。瑞典政府按照联合国《2030 年可持续发展议程》及目标，评估瑞典如何实现议程中的目标，并提出瑞典实施的行动计划，包括采取进一步行动的必要性。

2017 年，瑞典政府出台了《气候政策框架》（The Swedish Climate Policy Framework）❷，配合瑞典《气候法》（Climate Act）的实施。该框架提出瑞典 2030 年、2040 年和 2045 年的气候目标：到 2030 年，瑞典国内运输（不包括国内航空）的排放量比 2010 年至少下降 70%；到 2030 年，瑞典在欧盟"努力分享规则（EU Effort Sharing Regulation）"涵盖领域的排放量比 1990 年至少下降 63%。到 2040 年，在欧盟"努力分享规则"监管覆盖下的瑞典相关领域的排放量比 1990 年至少下降 75%。到 2045 年，

---

❶ A Swedish Strategy for Sustainable Development – Economic, Social and Environmental. https://www.government.se/49b73c/contentassets/3f67e0b1e47b4e83b542ed6892563d95/a-swedish-strategy-for-sustainable-development-summary.

❷ The Swedish climate policy framework. https://www.government.se/495f60/contentassets/883ae8e123bc4e42aa8d59296ebe0478/the-swedish-climate-policy-framework.pdf.

瑞典的温室气体净排放量为零，直至为负排放。

2018年1月1日，瑞典《气候法》生效。《气候法》要求：政府的气候政策必须以气候目标和如何实施为基础；政府必须在其预算案中每年提交一份气候报告；每四年，政府需起草一份气候政策行动计划，并描述如何实现气候目标；气候政策目标和预算政策目标必须一致。

2. 生产者责任延伸制度

瑞典自1994年开始实施生产者延伸制度，对生产者采取征税措施，以便使产品的生产者或进口商对使用后废弃的轮胎、饮料瓶、新闻纸和报纸，进行回收、处理和再利用。其目的是推动生产者减少垃圾产生量，并确保废弃物的无害和易被再利用。其中，饮料瓶、新闻纸和报纸实施押金制，并规定指定地点投放。

1997年，对汽车实施生产者责任延伸制度；2000年对电子产品、灯泡实施生产者责任延伸制度；2007年对放射性产品实施生产者责任延伸制度；2009年对电池实施生产者责任延伸制度。

3. 瑞典环境保护署在废旧纺织品综合利用领域的工作进展

瑞典环境保护署在纺织品和废旧纺织品价值链的各个环节广泛开展工作，旨在实现纺织品的长期可持续、资源高效和无毒化循环，即实现更多的循环利用周期。

① 建立可持续的、资源有效的循环需要了解产品的含义及数量，即数据和事实。

a. 瑞典环境保护署的消费者数据；

b. 瑞典环境保护署统计了回收量以及再利用和出口的数据；

c. 瑞典环境保护署分析了丢弃数据和更加高效的再生利用方式；

d. 气候数据。

② 在生产阶段，瑞典环境保护署开展信息和知识提升活动。

a. 关注环境和气候的更加可持续的纺织价值链的对话；

b. 可持续的商业模式。

③ 在消费者层面，开展信息和知识提升活动（与瑞典消费者署和瑞典化学品署合作）。

④ 在废弃物阶段，瑞典环境保护署基于新立法更新的基础上，广泛并持续地开展工作。

a. 废旧纺织品和循环利用的信息；

b. 废旧纺织品的现状；

c. 废旧纺织品再生利用以及技术机遇和挑战报告；

d. 在瑞典法律中，将实施欧盟最新的废物指令，表明到2025年1月1日，所有成员国都将对废旧纺织品进行单独收集。相关工作在瑞典持续开展，1月达成的政治协议表明，将实行纺织品生产者责任延伸制度。

（三）瑞典垃圾管理措施

1. 瑞典全国垃圾管理计划

瑞典采取多项措施，减少垃圾产生量，提高废弃物利用水平。1991年瑞典地方性的垃圾管理计划开始实施。2005年瑞典环境保护署出台了《全国垃圾管理计划》(*National Waste Management Plan*)，提出生活垃圾管理原则为：减少垃圾产生量、废弃物资源化利用、有效利用资源、尽量减少对健康和环境负面影响。瑞典垃圾管理相关措施如图6-1所示。

瑞典生活垃圾分类包括：纸张、纸箱、厨余垃圾、包装物、玻璃、纺织品、金属、木制品、塑料制品、电子垃圾、花园垃圾、大型垃圾、危险废物等。

2. 瑞典废弃物管理原则

瑞典废弃物层级管理（Waste Hierarchy）原则是依据瑞典《环境法》和欧盟《废弃物框架指令》(*Waste Framework Directive*，2008/98/EC)废弃物层级管理优先顺序进行，即垃圾减量、再利用、再利用的准备、再生利用、能源化利用和填埋处理六个层级，如图6-2所示。

瑞典提出到2020年实现零废弃国家的发展目标。严格实施废弃物层级管理，瑞典已经形成"废弃物层级管理"的社会文化。

3. 垃圾处理主要方式

按照垃圾处理量的多少，瑞典处理方式依次为：能源化利用、资源化再生利用、生物处理和填埋等四种❶。

---

❶ Treatment methods. https://www.avfallsverige.se/in-english/treatment-methods.

图 6-1　瑞典垃圾管理相关措施

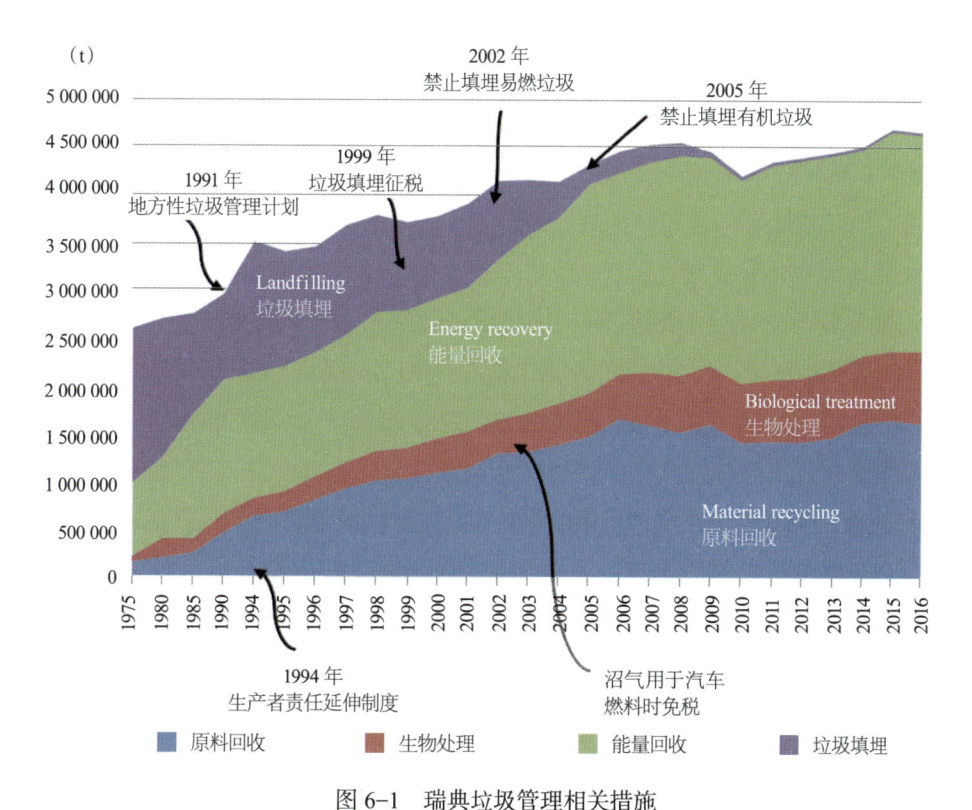

注　根据 *Swedish Environmental Law*: An introduction to the Swedish legal system for environmental protection 内容整理

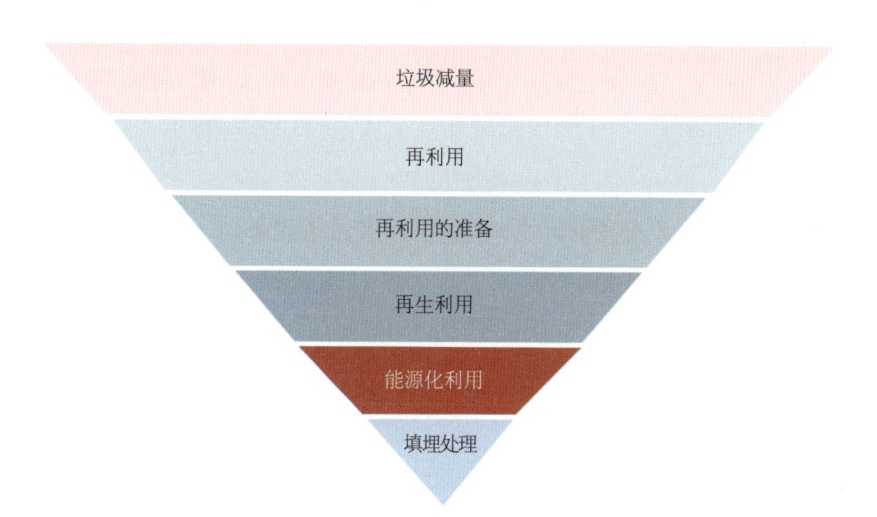

图 6-2　废弃物层级管理基本原则

注　图片来源于瑞典环境保护署《瑞典垃圾管理概况》（2018 年 9 月 11 日）

（1）废弃物能源化利用率

减少垃圾填埋，意味着要提高废弃物能源化利用率。目前，瑞典每年760万吨垃圾被焚烧用于发电，能源化利用达到95%~100%，主要工艺是废物转化能源（WTE）技术，还通过技术创新减少焚烧产生的二噁英和重金属排放，有害物质排放减少95%~99%。垃圾焚烧发电，为垃圾处理企业带来经济效益，如瑞典每年从欧盟成员国进口250万吨垃圾焚烧发电，其中，英国、挪威和爱尔兰支付给瑞典焚烧工厂垃圾处理费，焚烧厂在市场上出售垃圾焚烧产生的热能和电，热能可供80万个家庭使用，可为25万个家庭提供生活用电。

（2）废弃物资源化利用率

瑞典《生活垃圾预防行动》（*Waste Prevention Programmer*）包括四类废弃物的预防重点：食品垃圾、废旧纺织品、废弃电子产品、建筑和装修垃圾。2020年目标是建筑和装修垃圾资源化再生利用率达到70%。如表6-1所示，材料再生利用目标为：玻璃和金属再利用率达70%、纸和包装箱再利用率达65%、塑料再利用率达30%、木材再利用率达15%、新闻纸再利用率达80%[1]。

表6-1 瑞典生活垃圾预防行动目标

可再利用资源	玻璃和金属	纸和包装箱	塑料	木材	新闻纸
资源再利用率	70%	65%	30%	15%	80%

2017年，瑞典85%的饮料瓶和罐头瓶得到回收再利用（政府目标是90%），69%的包装物得到回收再利用[2]。瑞典每年回收再利用商品数量达18.5亿件，其中，饮料瓶和罐头瓶回收消费者可以得到现金补偿。

（3）有机垃圾生物处理

垃圾填埋释放的有害物质和废水，对气候变化产生严重影响，自1998年开始，瑞典政府投资建立有机垃圾处理厂，主要处理厨余垃圾、

---

[1] Swedish Waste Management-An Overview http://www.mppcb.mp.gov.in/Presentations4-6-7-2018/mswmswedenklas.pdf.
[2] Swedish Waste Management Association, Swedish EPA. https://sweden.se/nature/the-swedish-recycling-revolution.

花园废弃物。目前，瑞典拥有37个大型混合肥处理设施，36个有机垃圾厌氧混合消化处理厂，还有污水处理厂生产沼气。瑞典将有机垃圾进行资源化利用，为农业提供生物肥料，沼气成为汽车新能源动力，大部分沼气用于公共交通车辆的动力燃料。2018年来自家庭、饭店、机构食堂和商店的食品垃圾的生物处理率不低于50%。

（4）限制垃圾填埋

1999年，瑞典提出对垃圾填埋征税，填埋税法规（The Landfill Tax Act）于2000年1月生效，2000年填埋税为每吨250瑞典克朗，2003年提高到每吨370瑞典克朗，2006年为每吨435瑞典克朗。

2002年，禁止易燃垃圾的填埋，2005年开始禁止有机垃圾的填埋。进入填埋的垃圾是指不可分拆的废弃物、不能被再利用的废弃物。上述措施的实施，使瑞典垃圾填埋量大幅减少。

瑞典垃圾填埋场数量，从1976年的1600个，到2015年减少到265个，主要填埋建筑垃圾、工业垃圾和小部分混合垃圾。其中，有害垃圾填埋场60个，无害垃圾填埋场133个，闲置（不活跃）填埋场72个。

4. 垃圾管理计划实施效果

（1）年人均生活垃圾填埋量仅为2kg

全球有59%的国家的垃圾是以填埋为主。这意味着世界上大多数国家填埋后的垃圾都会释放出有害物质，污染土壤和地下水，还释放有害气体产生温室效应。

2017年，瑞典仅有不到1%的生活垃圾进入填埋，而99%的废弃物得到回收再利用，瑞典已没有垃圾可供处理，甚至会从其他国家进口垃圾进行能源化利用。

2017年，瑞典生活垃圾回收利用情况如表6-2所示，生活垃圾总量为478.3万吨，相当于人均年产473kg生活垃圾。其中，50.2%的生活垃圾转化为能源，约为240.04万吨；33.8%的生活垃圾作为原料资源化再生利用，约为161.76万吨；15.5%的生活垃圾被生物处理，约为74.13万吨；进入填埋厂的垃圾仅为2.37万吨，仅占全年生活垃圾总量的0.5%，年人均垃圾填埋量只有 2kg❶。

表 6-2 2017 年瑞典生活垃圾回收利用情况

处理方式	数量（万吨）	同比（%）	占比（%）	人均数量（kg）
生活垃圾总量	478.3	2.5	100	473
能源化利用	240.04	6.1	50.2	237
资源化再生利用	161.76	0.0	33.8	160
生物处理	74.13	−2.1	15.5	73
垃圾填埋	2.37	−24	0.5	2

（2）垃圾分类成为社会文化

资源循环利用已成为瑞典大众生活方式的一部分，每个家庭都非常认真地对废弃物进行分类，家庭废弃物大致可分为 10~15 类，即厨余垃圾、花园废弃物、包装物（金属、纸质、玻璃、塑料）、电器、报纸、有害垃圾、药品、轮胎、电池、大件物品等。其中，有 8 类属于生产者责任延伸制度回收和处理的废弃物，如包装物、废纸、废弃电子产品、电池、轮胎、汽车、药品和放射性有害物。

（3）便利的市政回收中心

一般来说，瑞典每个居民区不到 1.069km（1 英里）就有一个回收站。全国约有 600 个市政回收中心（Municipal Recycling Center），每年访问约 2000 万人次。

市政回收中心不负责回收和处理生产者责任延伸制度下的 8 类废弃物。市政回收中心只负责居民家庭生活垃圾回收、运输和处理，如厨余垃圾、花园废弃物、废旧纺织品、大件废物、危险废弃物等。对于较难回收的大型物品，如家具或电子产品，瑞典民众会送到郊区专业回收中心，而商业和工业废弃物有营利性商业机构负责回收和处理。

（四）瑞典废旧纺织品回收利用现状

瑞典环境保护署（EPA）尝试将纺织品消费作为减少环境影响的措施，

---

❶ Avfall Sverige. Swedish Waste Management 2018. https://www.avfallsverige.se/fileadmin/user_upload/Publikationer/Avfallshantering_2018_EN.pdf.

并提出了一个目标,即与 2015 年相比,2025 年瑞典废旧纺织品在生活垃圾中的占比降低 60%,90% 分类回收的废旧纺织品应被再利用或再生利用。这一目标的实现需要提高废旧纺织品的回收和利用能力。

1. 废旧纺织品回收渠道

瑞典废旧纺织品回收渠道主要有:

① 网上交易,有专门的网上交易网站,消费者可以买卖二手服装;

② 二手服装店直接回收,如红十字会、民间机构;

③ 服装店回收,自主品牌销售服装的同时,开展旧衣物回收,如 H&M、Patagonia,并给予购物优惠券折扣;

④ 慈善回收箱,慈善机构在社区、路边设置旧衣物回收箱;

⑤ 网上原料银行回收,主要是 B to B,企业间的回收贸易;

⑥ 路边回收,将旧衣物装入服装专用回收袋(塑料袋上面有服装字样),装好后放在路边或街道旁,会有专门的机构进行回收。

2. 废旧纺织品综合利用

瑞典每年消费大约 1.3 亿千克衣服和家纺,相当于每人每年消费 15kg 纺织品。

如表 6-3 所示,2017 年瑞典回收的 2240t 废旧纺织品被作为原料再生利用,较 2016 年增长了 22%;回收的 9300t 废旧纺织品被再利用,主要是再次穿着。瑞典回收的废旧纺织品大部分是在其他欧盟国家进行分拣,再次穿着以二手服装出口为主,由于二手服装出口受到非洲、亚洲等国家的限制,瑞典尝试利用技术手段,提高废旧纺织品的分拣能力,将高品质服装分拣出来,用于二手服装销售。

表 6-3 瑞典废旧纺织品综合利用情况 ❶   单位:t

综合利用方式	2014 年	2015 年	2016 年	2017 年
资源再生利用	2320	1760	1830	2240
再利用(再穿着)	7000	8000	9000	9300

❶ Avfall Sverige. Swedish Waste Management 2018. https://www.avfallsverige.se/fileadmin/user_upload/Publikationer/Avfallshantering_2018_EN.pdf.

二、主要技术及项目进展

目前，在瑞典开展的废旧纺织品回收利用项目研究进展情况如表 6-4 所示。

表 6-4　瑞典废旧纺织品回收利用项目研究进展情况

序号	机构及项目名称	项目概况	研究进展
1	Swerea IVF 纺织品回收中心	该机构开展广泛的研究：从分类技术到回收纺织品的再生利用和回收利用技术的标准标识，该机构与行业、公共机构和非政府组织密切合作，为有效和可持续地处理旧纺织品奠定基础	Swerea 开发机械和化学方法，目的是将材料再循环利用到新纤维中，用于生产新纺织品或其他类型的产品。Swerea 可以使用各种设备提供服务，例如中试规模的纺织品撕裂机、湿法纺纱试验工厂以及熔融纺丝和熔喷设备。将纺织品和非织造布、塑料和复合材料的工艺开发和产品分析方面的专业知识相结合，结合化学分析和生命周期评估，确定纺织废料的最佳使用领域
2	Re:newcell	Re:newcell 成立于2012年，是一家瑞典的纺织品循环利用公司，开发了一项转化回收棉花和其他纤维素纤维的尖端技术。该工艺将旧牛仔裤、旧 T 恤等纺织废料转化为可生物降解的 Circulose® 溶解浆，然后用于工业化规模生产新型优质纺织纤维，如黏胶和莱赛尔。凭借 Re:newcell 独特的专利技术，时尚产业可以减少二氧化碳的排放，水、化学物质和土地的使用，大大延长地球资源的利用	2014 年，Re:newcell 制出了世界上第一件利用回收的二手纺织品所转化的原料制成的服装。2019 年 6 月，唐山三友成功量产了一种新的黏胶短纤维，其中 50% 原料来自消费后回收的棉品，再生棉浆由瑞典公司 Re:newcell 提供，剩下的 50% 由 FSC（森林管理委员会）认证的木浆制成，并由 Canopy 模式审核。随着进入全面商业化阶段，Re:newcell 计划在全球范围内开立新的纺织品循环工厂

续表

序号	机构及项目名称	项目概况	研究进展
3	Borås 的 Re:textile 项目	Re: textile 是 Borås 科学园区和纺织学院的一个研究项目，旨在开发新的设计原则、商业模式和生产系统，使纺织行业循环发展。该项目由 Västra Götaland 地区和 Borås 地区 Sjuhärad 的市政协会资助，自 2015 年以来已分几个阶段进行	➤ 寻求新的再设计理念和商业模式； ➤ 建立再设计工厂，即再设计联合体； ➤ 调查在瑞典建立国家纺织品分类中心的可行性
4	Mistra Future Fashion	该项目是由 Mistra 发起并主要资助的跨学科研究项目，由 RISE 研究院与 15 个合作研究机构联合发起，还包括 50 多个企业	➤ Blend Re:wind 在未来时尚领域开展了六年的研究，重点研究涤棉（Polycotton）纤维混合物的化学法回收利用，分离出聚酯单体和棉浆，用于生产再生纤维素纤维（如黏胶纤维），为工业生产提供原材料 ➤ Re:Mix 按照循环经济原则，在采用化学法再生利用之前，优先从混纺织物中分离出不同种类的纤维。Re:Mix 一期的研究报告主要解决：如何将尼龙（聚酰胺）和弹性纤维（聚氨酯）从其他类型的纤维中分离出来，并进行再生利用。目前确定了两种分离方法，可以单独使用，也可以进行组合。一是热机械分离；二是利用一种酶作为生物催化剂，降解一种特殊的聚合物，该聚合物将进一步促进新聚合物的合成

（一）Swerea IVF 纺织品回收中心

1. 研发内容

① 再生纺织品的应用以及工业和材料之间的物质交换；

② 涤纶和涤棉混合物的解聚（2018 年全球变化奖得主）；

③ 废旧纺织品的物理机械法再生利用，以及在新纺织品、复合结构和非织造布中的应用；

④ 废旧纺织品再生利用的分类和风险评估——基于纤维成分和服装类型，对破碎纺织品的化学形态进行研究；

⑤ 基于 RFID 的信息系统，以实现纺织品价值链的透明性和可追溯性；

⑥ 为纺织品应用研发耐用的 RFID 标签；

⑦ 纺织品用化学品—化学替代品；

⑧ 纺织品价值链中的生命周期分析；

⑨ 纺织材料中的微塑性释放。

2. 机械设备

织物撕裂机、梳理机、开口转杯纺纱机、熔融纺丝机、湿纺机、复合成型机（纺织品作为塑料基质的增强材料）、注塑机、洗衣实验室、纺织品机械实验室、化学实验室、射频识别演示、熔喷机等。

（二）Re:textile

在 Re:textiles 项目期间，以循环经济原则为基础，与选定的公司一起开展了若干子项目来开发和测试商业理念。包括与 Cheap Monday 和 Lindex 合作的各种再设计项目，或者是与 Monki 和 Houdini 合作开发的新服务。

再设计工厂一直是 Re:textile 的重要组成部分。通过再设计工厂，在 Borås 的纺织时装中心建立国家再设计中心。项目运行期间在再设计工厂内设置了四个目标，所有这些目标都已实现：提供有助于循环纺织发展的原型资源，创建生产商和供应商网络来实现商业化再设计，展示具体实例的展厅，促进可持续业务发展的商业实验室。

通过研究和合作，Re:textile 项目展示了公司如何向循环型商业模式转变的实际依据。Re:textile 在创新环境方面建设了 Do-tank 中心，还有纺织大学的实验室。这些场所还提供了包含工具和技术的机械园区，能够实现循环设计和业务发展的创新性思考。

2018 年，Re:textile 获得瑞典环境保护署的资金支持，用于国家项目升级。2018 年，瑞典政府委托 Borås 大学创建并运营可持续纺织品和可持续时尚的国家平台。

1. Cheap Monday

每年，Berendsen 大约有 30 万件的工作服被丢弃。Re:textile 的项目经理发现了一个延长这些工作服使用寿命的商机。

通过对破旧的工作服进行染色、印花和更新换代，赋予工作服新的生命和新的价值。这个过程有很多优点。其中，减少了新原料的使用，减少了对环境的影响，减少了水和化学品的使用。该项目的目的是扩大如何回收利用服装的想象空间，并调研商业化再设计服装的条件，无论是从款式上还是从成本角度来看，都符合既定品牌 Cheap Monday 的标准。

2018 年，Cheap Monday 的 c/o 系列，希望借助之前未被发现的资源，并通过不同的方式重新设计，创造出一个全新的系列，最终完成从工作服到时装的转变。该系列由约 1000 件服装组成，于 2018 年 10 月 2 日推出。有夹克、裤子、T 恤、运动衫和一个袋子，都是用废旧工作服按要求做成的，每件衣服上都有独特的磨损表现形式，如去除的补丁、破洞和污渍。这些衣服通过 Cheap Monday 的各种分销渠道销售。除此之外，他们还通过该公司的线上商店在线下单，在外部零售商和 Cheap Monday 自己的概念店都能找到它们的身影。

2. Blaou

独特的利用废旧工作服做成的童装，是 Re:textile、Blaou、Berendsen 和 FashionInk 合作的成果。Blaou 公司成立于 2017 年底，目标是创造可持续的、中性的童装。高品质的衣服可以穿很长时间。Re:textile 与 Blaou 合作开发了 UNIK 系列，这个系列是由 Berendsen 公司丢弃的工作服制作而成，通过处理现有的细节以及观察一件衣服从成人尺寸变成儿童尺寸时的比例变化，探索了新的展现形式。

3. Lindex

快时尚行业的生产过剩严重，许多公司都在与高库存做斗争。2016 年秋季，Lindex 启动了一个项目，探索利用公司之前未售出或库存产品去开发新的服装系列。项目中的产品在 Borås 进行了设计和改造。该项目的目的是增加新的流行趋势，以创造需求，并使再设计的产品商业化。通过给产品一个新的设计和外观，可以以原有甚至更高的价格出售。该项目还希望为 Lindex 自有业务创建一个经济实用专业的再利用场景。项目中有很多关键因素，包括产品达到足够的设计高度和商业潜力，成本结构，内部物流和生产能力。

与 Lindex 的合作是 Re:textile 在开发商业化再设计的设计流程和生产系统方面迈出的重要一步，旨在创造一个更加可持续的纺织工业。

4. Monki

在与时尚公司 Monki 的合作中，Re:textile 提出一种新的服装销售理念。目的是调研商业化再设计的生产系统以及通过延长服装寿命和提供服务抑制新的购买欲望。在子项目 Monki Re:Love 中，顾客可以将旧衣服带回商店，并且创造性地改造服装，而不购买新服装。基于 Monki 现有的客户资料，开发各种各样的艺术品和版画，客户可以应用到他们现有的服装上以激活和延长它们的生命。版画的设计是基于 Monki 的品牌形象，创造认可度和附加值，确保设计质量。为了服装更新过程的可视化，开发了一个应用程序，用户可以从现有的数据库中选择并打印。用户可以调整印花的位置和大小。这个数字模型既是一个设计工具，也是一个可视化和再设计服务的销售工具。

5. Rave Review

Rave Review 于 2017 年由 Josephine Bergqvist 和 Livia Schück 发起，旨在应对缺乏创意和时尚的可持续时尚。他们想证明，无论衣服是用新材料还是旧材料制作的，再生利用都是可以稳步推进的。

该系列通过寻找新的材料，新的缝纫能力和不同的技术，为高级时尚改造创建一个经济上可持续和规模上可扩展的商业模式，并且通过改造的美感和不同的工艺来创造出引领潮流的时装。

6. Houdini

近年来，几家服装公司推出了租赁概念，作为新销售的补充，其目标是为客户提供资源效率更高的服务。Re:textile 与户外品牌 Houdini 联合开展了一个项目，调研公司现有租赁系统升级的可能性。

三、企业实践

瑞典在多个领域拥有国际知名品牌,其中知名的家居和服装品牌,如 H&M、宜家、KappAhl、Filippa K 等,这些瑞典知名的家居和服装品牌非常重视可持续发展,在废旧纺织品回收利用领域也开展了相关研究和项目实践。瑞典废旧纺织品回收利用的典型品牌企业及采取的相关措施如表 6-5 所示。

表 6-5　瑞典废旧纺织品回收利用的典型品牌企业

序号	品牌	内容介绍
1	H&M	回收所有品牌的纺织产品。H&M 基金会与中国香港纺织及成衣研发中心合作开发了从混纺织物中回收衣物的新技术
2	IKEA	目前,IKEA 产品系列中 60% 使用可再生材料,10% 使用可回收材料。IKEA 产品中 100% 的棉花、85% 的木材来自可持续的来源。目标是到 2030 年,采用新的循环设计原则设计所有产品,全部使用可再生和回收材料
3	Filippa K	2015 年推出的 Filippa K 服装系列;提供维修服务;探索由 100% 生物基和生物降解产品制成的创新产品;Filippa K 二手店开业;可回收性纳入产品标准,目的是到 2030 年所有系列产品都能按照标准进行生产;根据标准,在产品设计中使用再生材料;选择再生原木和再生纸浆生产的非织造布;建立染色实验室,尝试利用废弃物生产染料
4	Houdini Sportswear	所有 Houdini Sportswear 产品都可以进行回收;2019 年秋冬季产品的 64% 属于可循环系列,2022 年的目标是 100% 实现可循环系列;Houdini Sportswear 提供租赁和订阅服务;通过开展研究、创新项目、加强合作、选择有机和可生物降解方式对抗微塑料;提供维修和再利用服务
5	Tierra	利用纺织废料生产产品;选择单一材质以方便衣物回收利用;开发 100% 生物基材料的产品,如豆类、羊毛、玉米和椰子
6	Lindex	通过再设计和再改造的独家升级产品系列,探索每件衣服再利用的可能性,并重新思考如何延长衣服的使用寿命
7	Nudie Jeans	提供免费维修服务;转售二手产品,回收旧产品
8	KappAhl	制订各种类型纺织品的回收计划

（一）H&M

1. H&M 集团可持续发展战略目标

早在 2007 年，H&M 就提出可持续发展战略，成为全球最早提出可持续发展战略的服装企业之一。2015 年 9 月 25 日，联合国发布了《2030 年可持续发展议程》及 17 个可持续发展目标，2016 年依据联合国可持续发展议程目标，H&M 将原有的《自觉行为可持续发展报告》改进为《可持续发展报告》，提出了三项可持续发展目标：100% 引领企业变革、100% 循环可再生、100% 公平平等。在 H&M 集团《2017 年可持续发展报告》中企业所有可持续目标与联合国可持续发展目标一一对应，积极响应联合国《2030 年可持续发展议程》。

如表 6-6 所示，H&M 集团《2018 年可持续发展报告》❶ 中，将三个 100% 的战略目标与联合国《2030 年可持续发展议程》的 16 个可持续发展目标相对应，并做出积极贡献。

表 6-6　2018 年 H&M 集团三个 100% 战略对联合国 16 个可持续发展目标的贡献

H&M 战略目标	联合国可持续发展目标	
100% 引领企业变革		9. 产业、创新和基础设施 12. 负责任的消费和生产 17. 促进目标实现的伙伴关系
100% 循环可再生		6. 清洁饮水与卫生设施 7. 清洁能源 12. 负责任的消费和生产 13. 气候行动 14. 水下生物 15. 陆地生物 17. 促进目标实现的伙伴关系

---

❶ H&M Group Sustainability Report 2018. https://hmgroup.com/sustainability/sustainability-reporting.html.

续表

H&M 战略目标	联合国可持续发展目标	
100% 公平平等		1. 消除贫困 2. 消除饥饿 3. 良好健康与福祉 4. 优质教育 5. 性别平等 8. 体面工作和经济增长 10. 减少不平等 16. 和平、正义与强大机构 17. 促进目标实现的伙伴关系

H&M 集团以服装企业的身份，在三个 100% 战略目标指导下，从经济、社会和环境三方面为全球可持续发展做出贡献。

2. H&M 可循环价值链

H&M 集团提出可循环价值链的商业模式，以实现 100% 循环可再生目标。H&M 将可循环应用到价值链的每一个阶段，包括：设计、原料选择、生产过程、产品使用和产品再利用再循环，如图 6-3 所示。

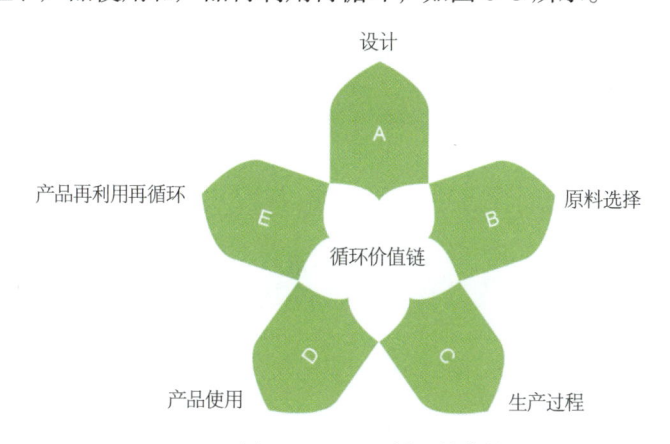

图 6-3　H&M 循环价值链

在设计环节，应用最节约建筑材料的图纸，选择可持续的材料进行裁剪、地面和地板的建设和维修。在原料选择方面，选择可持续棉纺材料，并尽可能选择可回收或可持续原材料。在生产过程中，注重包括水、木料和纤维在内的自然资源的使用。减少资源的浪费和污染的排放。在产品使用环节，特别标注可回收标志，以便消费者选择可持续的处理方式。在循环利用环节，H&M全球店铺设有旧衣物回收箱，进行循环利用。

3. 提高可循环再生的原料比例

H&M集团使用多种可回收材料，包括回收棉、聚酯、锦纶、羊毛、羊绒、塑料和羽绒，并且一直在努力提高服装中再生纤维使用比例。H&M的目标是到2020年使用100%可持续来源的棉花，包括认证有机棉，更好的棉花（BCI）和再生棉。2030年服装纤维实现100%使用回收再利用原料或可持续来源原料。

4. 通过技术创新实现闭环循环再造

H&M基金会与中国香港纺织及成衣研发中心联合研发了利用生物科技把纺织废料再生、水热处理方法分离和回收废旧混纺织物、服装循环回收再造系统等三项科技成果。

利用生物科技的纺织废料再生技术使用酶水解方法，有效分离纺织废料中的复合物料，制成葡萄糖浆、人造纤维、生物塑料生物化工品及生物表面活性剂等生物产品。这种循环再造技术令全棉、全聚酯纤维、牛仔裤及棉聚酯混纺等主要纺织品得以重新利用，不仅为成衣生产商提供优质纤维，也可以制造其他行业使用的高附加值产品。该技术获2018年第46届日内瓦国际发明展金奖。

用水热处理方法分离和回收废旧混纺织物，达到"闭环式循环再造"的效果。该技术的水热处理系统，只需使用水和15%的可生物分解环保化学剂便可有效分离复合物料，而水和化学剂的循环再利用比率高达85%。该技术获2017年中国香港绿色创新大奖银奖、2018年第46届日内瓦国际发明展金奖。

"服装循环回收再造系统"是在一个标准集装箱内，将旧衣物处理、消毒后，循环再造成新衣，消费者带着旧衣物来，选择自己想要的再造衣物款式，然后就可以带新衣服回家。该研发项目既将处理程序和技术解决方案整合在小型系统中，还为纺织品循环再造建立商业和教育模式，在消费者中推广循环利用理念。该项目获2019年红点产品设计大奖、2019年第47届日内瓦国际发明展金奖。

5.使用可再生能源

在供应链中最大限度地利用可再生能源，向无石化能源利用过渡。在业务中提供100%的可再生能源。2018年，购买的电力中有96%是可再生能源，为能源系统的必要脱碳做出贡献，增加新的可再生能源发电能力。

（二）宜家

宜家家居一直致力于选择环保、可再生纤维材料，并要求家居产品使用后，进入废弃阶段，符合再生利用的条件，实现资源循环利用。

1.循环可持续的发展战略

2012年宜家提出可持续发展战略——益于人类，益于地球（People & Planet Positive），力求改变自身业务，改革宜家价值链中涉及的产业，为全世界的人们创造更美好的居家生活。

宜家可持续发展战略关注三大领域：健康可持续的生活；循环与气候友好型业务；公平和平等，并做出具体的承诺，如表6-7所示。

表6-7 宜家可持续发展战略目标和承诺[1]

三大领域	健康可持续的生活	循环与气候友好型业务	公平和平等
2030年目标	在地球可承受的限度内，让超过十亿人过上更美好的日常生活	在发展宜家业务的同时，成为一家气候友好型企业，并且在消耗的同时也可再生资源	为宜家价值链中的所有人带来积极的社会影响
承诺	➤推动社会共创更美好的日常生活 ➤鼓励并帮助人们过上更健康、更可持续的生活 ➤推广循环利用和可持续消费	➤转型成为一家资源循环企业 ➤实现气候友好型业务 ➤再生资源，保护生态系统，提高生物多样性	➤在宜家价值链中提供体面且有意义的工作 ➤成为具有包容心的企业 ➤推广平等

健康可持续的生活目标是，到2030年，在地球可承受的限度内，让

---

[1] 宜家2030年可持续发展战略《益于人类，益于地球》。https://www.ikea.cn/ms/zh_CN/pdf/sustainability_report/IKEA_Sustainability_Strategy_People_Planet_Positive.pdf.

超过十亿人过上更美好的日常生活。循环与气候友好型业务目标是，到2030年，在发展宜家业务的同时，成为一家气候友好型企业，并且在消耗的同时也再生资源。公平和平等目标是，到2030年，为宜家价值链中的所有人带来积极的社会影响。

2. 宜家循环体系供应链

宜家倡导以更少的资源制造更多产品，减少业务中的浪费，全面提高效率。自2015年起，宜家采购的棉花、鱼和海鲜100%来自更可持续的来源。确保木材和纸100%来自更可持续的来源。采取措施，在宜家产品系列中淘汰石化原生塑料。支持向低碳经济转型，大力投资可再生能源，并提高了能源效率。到2030年，成为一家基于可再生清洁能源和再生资源之上的资源循环企业，让业务增长与材料消耗脱钩。不再依赖石化原生塑料和燃料。

宜家循环体系供应链，通过产品开发实现可循环；通过业务模式改变实现可循环，消费者可以租赁使用、家居翻新和再使用；通过材料再利用实现可循环，如床垫回收项目，将回收床垫进行拆解，其中材料分别再利用。到2030年宜家将达到100%的可循环，所有产品材料为可降解或循环材料。宜家循环设计理念如图6-4所示。

图6-4 宜家循环设计理念

（三）KappAhl

1. 负责任的时尚和可持续时尚

KappAhl 认为可持续发展的使命为负责任的时尚，并贯穿于 KappAhl 整个组织运行中。KappAhl 的目标是企业各项经营活动都能做到可持续发展。KappAhl 认为可持续时尚表现为纺织材料和服装设计的可持续，这可以使时尚产业具有可持续性。

1993 年，KappAhl 推出第一个有机棉（Eco Clothes）系列服装，也是全球上第一个获得环保认证的时装连锁店。目前，KappAhl 销售的服装中，可持续性标签服装占比达到 57%[1]，这一比重还将逐年提高，并在业务的各个层面贯彻可持续发展战略。1999 年，KappAhl 获得国际环境认证（ISO 4001），也是全球第一家获得环境认证的时尚连锁店[2]。2008 年 KappAhl 首次发布《可持续发展报告》。2012 年，KappAhl 将可持续时尚概念定位于"未来友好时尚"，既关注地球的今天，也关注地球的未来。KappAhl 负责任时尚的标识如图 6-5 所示。

图 6-5　KappAhl 负责任时尚的标识

2. 可持续发展承诺

KappAhl 可持续发展承诺：为消费者和环境提供负责任的时尚。从设计、生产、运输、消费各环节做出承诺：

① 设计可持续产品和服装系列；

② 使企业向更可持续生产流程转型；

③ 使企业向更可持续纺织材料转型；

④ 基于闭环循环设计实现上述承诺。

---

[1] https://www.kappahl.com/en-US/about-kappahl/sustainability.

[2] KappAhl Sustainability Report 2012/2013, p 12. https://www.kappahl.com/en-US/about-kappahl/sustainability/responsible-fashion/sustainability-report.

3. 可持续发展目标

KappAhl 提出可持续发展目标：2020 年实现 100% 使用可持续棉花，实现牛仔布 100% 的可持续性；2022 年实现 50% 的合成纤维来自回收再利用材料；2025 年实现 100% 的使用可持续纺织材料，实现 50% 的产品达到可回收再利用；到 2030 年实现生产过程 100% 的可持续发展。

4. 可持续发展战略措施

（1）更可持续的纺织材料

KappAhl 认为更可持续的纺织材料，是更可持续时尚服装的设计基础，通过新纤维开发和技术创新，节约自然资源，通过选择环境友好型的纤维印染方式，减少对环境的负面影响。

（2）可持续性标签占比超过 50%

KappAhl 以更可持续方式生产的服装，系列服装产品中，57% 的服装都贴上了可持续性标签，2025 年，将达到 100%。包括良好棉花组织（BCI，Better Cotton Initiatives）的优质棉标签、有机棉标签（Organic Cotton）、再生棉标签（Recycled Cotton）、天丝纤维标签（Tencel）、再生聚酯标签（Recycled Polyester）等。KappAhl 可持续性标签如图 6-6 所示。

图 6-6　KappAhl 可持续性标签

（3）更可持续的设计

更可持续的设计是时装业实现向循环经济闭环循环的源头，意味着设计时选择可循环纺织材料，使生产过程产生较少的边角料。

KappAhl 在设计环节采取五个可持续性标准，以确保每个环节都尽可能地可持续进行，即：

① 纺织材料选择可持续的有机棉、再生聚酯或天丝纤维，大大减少对水、能源和化学品的使用；

② 废弃后的服装可以回收再利用；

③ 设计更经久耐用的服装，即便有些进入二手服装销售，该设计仍具有高附加值；

④ 减少纺织材料消耗，如如何设计、构造和布局图案，可以最大限度地减少面料，并减少面料损耗；

⑤ 改进技术工艺，如印染、染色和各种工业预洗等工艺可能对环境造成严重影响，通过选择更可持续的技术来减少水和化学品的用量。并采用可持续产品计分卡，在产品投入生产前对其可持续性进行评级，有助于指导产品开发，评估产品的可持续性效果。

（4）生产过程的可持续性

KappAhl 重视与供应链的合作者建立长期、稳定的合作关系，以确保产品质量和生产工艺可持续性。包括清洁生产、工作环境安全、女性教育、产品安全、保护动物等。

（5）再使用

一件衣服的全生命周期包括使用前、使用期间和使用后。为了使服装低碳环保，在这三个阶段都必须是可持续的。使用前是设计和制造阶段。服装的使用期间是消费者购买后的使用过程，如洗涤、熨烫等，是否具有可持续性。使用后是消费者废弃后的衣物，回收再利用阶段。

KappAhl 向消费者提供使用期间阶段服装护理建议，如去污方法、洗涤方式。在使用后阶段，KappAhl 提供旧衣回收服务，在 KappAhl 所有店铺内，都有旧衣物回收箱，消费者可将任何品牌、任何种类的废旧纺织品服装，投放回收箱，如图 6-7 所示。

图 6-7　KappAhl 店内回收箱 ❶

（四）Filippa K

Filippa K 是瑞典时尚设计品牌，创办人兼设计师 Filippa Knutsson 与她的拍档 Karin Segerblom，凭借出色的设计，于 1997 年 Filippa Knutsson 得到了瑞典时装设计的 Guldknappen 奖项。Filippa K 的风格一向是简洁而有质感，以款式朴素、剪裁精致、优雅内敛而成为具有设计感的时尚品牌。

1. 倡导"循环时尚"

Filippa K 始终倡导"循环时尚"（Circular Fashion），循环时尚是 Filippa K 适应循环经济的内部框架，指导企业向循环经济模式转变。循环时尚涉及企业所有经营活动，包括设计、开发、生产经久耐用的服装以及变革商业模式。

循环时尚是基于 4R 原则：减少对环境负面影响（Reduce）；提供经久耐用的服装，为消费者提供服装护理方法和修补业务（Repair）；通过回收，二手服装店和服装租赁方式，使 Filippa K 服装能被二次、三次或四次的再使用（Reuse）；对于破损的 Filippa K 服装，能够被作为纺织纤维，再生利用（Recycle）。

---

❶ https://www.kappahl.com/en-US/about-kappahl/sustainability/you-can-do-your-bit/our-textile-collection.

（1）减量化（Reduce）

每两年 Filippa K 会开发出领跑者系列产品，都是用最可持续的方式生产出来，Filippa K 决心用最小的碳足迹来生产产品。Filippa K 从设计表中完善流程，关注材料选择、设计实践、生产工艺等方面，都是为了把可持续生产方式应用到服装生产主线上来。到 2030 年，Filippa K 的目标是按照领跑者系列的关键标准生产所有产品。Filippa K 的领跑者项目成果如表 6-8 所示。

表 6-8　Filippa K 的领跑者项目成果

领跑者项目成果	➢ 到 2030 年，Filippa K 系列产品将实现全面循环 ➢ 以前用安全别针把吊牌系上，现在这些已经被完全移除 ➢ 在运输过程中去掉了几乎所有产品常用的薄页纸 ➢ 正致力于使用越来越多的天丝线来生产天丝产品，以便于回收利用；之前 Filippa K 使用聚酯纤维 ➢ 所有的外套都使用再生聚酯衬里 ➢ 在一些外套和西服上使用象牙果制成的纽扣 ➢ 持续为领跑者产品提供 10 年的质保 ➢ 尝试新的资源流，比如建立循环运输模型。正致力于整合新的废物流，未来可以从 Ax 国际的肩带、装饰和衬里中回收聚酯切片

Filippa K 的领跑者标准：可持续材料，可循环性，透明的供应链，最低限度地利用自然资源，最少废弃物，更少的化学品，最小排放量，尊重人权，尊重动物福利，持久的设计和质量，完美贴合舒适，财务状况良好。

（2）再修复（Repair）

Filippa K 帮助客户照顾好购买的 Filippa K 服装。通过提高客户对服装护理的认识，不仅延长了衣服的使用寿命，也有助于减少使用阶段的环境足迹。Filippa K 正在不断扩大商店的护理产品范围。这是 Filippa K 与客户沟通如何最好地护理衣物的一种方式：洗衣护理小贴士、如何晾晒或储存不同的面料、如何护理羊毛等。

Filippa K 护理产品包括：防水喷剂、衣物刷、衣物雾、毛线石。此外，Filippa K 还提供 Guppyfriend 洗衣袋，这是世界上第一个微纤维过滤袋。微纤维和微珠一样是海洋和河流的污染物；Guppybag 在过滤这些污染物的同时也保护客户的衣物。

（3）再利用（Reuse）

2015年，Filippa K的卖场启动废旧服装回收系统。顾客投放干净的Filippa K服装时，可获得15%的折扣券。在二手商店，磨损严重的废旧衣物将被捐给慈善机构，通过分类进入最合适的再利用渠道。2018年，有942名顾客在回收系统投放旧衣服，Filippa K提供了275130瑞典克朗的折扣（比去年减少约10%），仓库里大约有1800件二手服装。Filippa K在2018年与Varié建立了合作关系，通过实体店和线上商店销售大量回收的废旧服装。2017年，Filippa K发送了约1500件，Varié在2018年销售出402件。

第一家Filippa K二手商店于2008年在斯德哥尔摩开业。二手商店是Filippa K对产品全生命周期负责的一种方式，提供了一种替代一次性购物的方式。2018年，Filippa K的二手服装租赁业务创下了历史新低，下降了78%，因此，Filippa K做出了一个战略决定，在未来5年内不再专注于租赁，而是专注于产品、护理和二手概念以及透明度。

（4）再循环（Recycle）

许多Filippa K的供应商将羊毛织物边角料送到意大利的一家面料制造商，作为Re.Verso™循环项目的一部分进行再利用和再生利用。Re.Verso™按颜色对纺织边角料进行分类。2018年，Filippa K向意大利供应商运送了纺织边角料，用于生产新的纺织面料，并且已经将4.2t纺织边角料直接从供应商运送到意大利。

为了尽量减少废旧纺织品被填埋或焚烧，需要新的基础设施解决方案。Filippa K与其他合作伙伴合作，以提高未来再生利用纺织纤维的可能性。Filippa K一直在和Re:newcell合作。2018年，Filippa K从葡萄牙的一家球衣供应商那里向他们运送了6箱织物废料，在试验工厂进行试验。此外，Filippa K还与瑞典化学品署、瑞典环境保护署、北欧废物集团、瑞典国家研究中心和Mistra Future Fashion进行合作。

2. 提出2030年可持续发展承诺

2016年，Filippa K根据联合国《2030年可持续发展议程》及目标，提出2030年可持续发展的五项承诺，将企业承诺和行为与联合国可持续发展目标联系起来。

2017年哥本哈根时尚峰会,《全球时尚议程》(Global Fashion Agenda)的签署,呼吁时尚品牌和零售商承诺,以加速产业向循环时尚体系转变。Filippa K 意识到循环时尚已成为时尚业共同行为准则和目标,会上签署了《全球时尚议程》,并提出 Filippa K《2020 年可持续发展行动目标》,如表 6-9 所示。

表 6-9 Filippa K 的 2020 年可持续发展行动目标及 2030 年可持续发展承诺

2020 年可持续发展行动目标	2030 年可持续发展承诺
1. 实施可循环性设计战略 ➤ 所有设计师将接受循环设计培训 ➤ 基于行业指导的循环设计原则将成为每个 Filippa K 设计概要的一部分 ➤ 25% 的产品系列由单纤维制成 ➤ 60% 的产品系列将设计为可修护 ➤ 与所有客户分享 Filippa K 服装护理理念,延长服装使用时间	1. 着眼于未来的可持续设计理念 ➤ 仅使用可持续材料 ➤ 仅使用再生纤维
2. 增加旧衣服的收集量 ➤ 旧衣服回收量提高 10%	2. 可持续采购与制造 ➤ 供应链完全透明 ➤ 仅使用可持续生产流程
3. 增加二手服装的转售量 ➤ 为线上客户提供二手服装销售服务	3. 资源高效型企业 ➤ 确保生产的精准采购 ➤ 减少整个业务碳足迹
4. 提高再生纺织纤维使用比重 ➤ 5% 的产品系列将用消费后再生纤维制成	4. 价值链中遵守 Filippa K 价值观 ➤ 坚持遵守 Filippa K 的行为准则 5. 保持长期可持续成功 ➤ 建立长期专业合作关系 ➤ 利润保持在 10% 以上 ➤ 保持单位增长率

3. 致力于推动全时尚循环

Filippa K 致力于推动"全时尚循环",将时尚周期分为四个阶段:原材料、生产、消费和循环。探索每个阶段如何根据环境承载力,开发不同主题的时尚循环产品。最终的目标是实现时尚闭环循环,避免因时尚产品的生产造成未来服装废弃后成为垃圾。例如,为什么选择棉、毛纤维作为原材料，什么样的生产工艺节约能源，如何改善染色工艺，如何杜绝有毒化学品等。消费环节，Filippa K 自 2014 年开始提供维修服务，并于 2015 年推出服装护理指导，指导消费者如何延长服装的寿命。

Filippa K 还参与 Mistra 未来时尚设计主题（Mistra Future Fashion Design Theme）的循环设计速度项目（The Circular Design Speeds Project）研究[1]。

---

[1] https://circulardesignspeeds.com.

参考文献

[1] 孙淮滨. 2009/2010中国纺织工业发展报告[M]. 北京：中国纺织出版社，2010.

[2] 孙淮滨. 2010/2011中国纺织工业发展报告[M]. 北京：中国纺织出版社，2011.

[3] 孙淮滨. 2011/2012中国纺织工业发展报告[M]. 北京：中国纺织出版社，2012.

[4] 孙淮滨. 2012/2013中国纺织工业发展报告[M]. 北京：中国纺织出版社，2013.

[5] 孙淮滨. 2013/2014中国纺织工业发展报告[M]. 北京：中国纺织出版社，2014.

[6] 孙淮滨. 2014/2015中国纺织工业发展报告[M]. 北京：中国纺织出版社，2015.

[7] 孙淮滨. 2015/2016中国纺织工业发展报告[M]. 北京：中国纺织出版社，2016.

[8] 孙淮滨. 2017/2018中国纺织工业发展报告[M]. 北京：中国纺织出版社，2018.

[9] 孙淮滨. 2018/2019中国纺织工业发展报告[M]. 北京：中国纺织出版社，2019.

[10] 赵明霞."数"说纺织强国[J]. 纺织服装周刊，2013（34）：36-37.

[11] 汪玲玲. 全球化纤生产状况中国和印度聚酯产量扩大[J]. 国际纺织导报. 2011，39（1）：6-8.

[12] 汪玲玲. 全球纤维产量：聚酯纤维与黏胶纤维有所增长[J]. 国际纺织导报，2013，41（1）：4，6-8.

[13] 王江伟. 全球纤维产量——聚酯及黏胶纤维产量强势扩张[J]. 国际纺织导报，2014，42（1）：4，6-8，28.

[14] 汪燕. 全球纤维产量——聚酯增长、聚烯烃及丙烯腈下降[J]. 国际纺织导报, 2016, 44（1）: 6-10.

[15] 汪燕. 全球纤维产量——增速放缓至 1.7%[J]. 国际纺织导报, 2018, 46（3）: 4, 6-10, 12.

[16] 张巍峰. 长丝织造装备: 当应势而为[J]. 中国纺织, 2015（9）: 66-67.

[17] 姚穆. 中国纺织工业持续发展面临的机遇与挑战[J]. 中国纤检, 2011（14）: 43-45.

[18] 国家纺织制品质量监督检验中心. FZ/T 01057.8—2012, 纺织纤维鉴别试验方法 第 8 部分: 红外光谱法[S]. 北京: 中国标准出版社, 2013.

[19] 国家棉纺织品质量检测中心. FZ/T 01057.3—2007, 纺织纤维鉴别试验方法 第 3 部分: 显微镜法[S]. 北京: 中国标准出版社, 2007.

[20] 国家棉纺织品质量检测中心. FZ/T 01057.2—2007, 纺织纤维鉴别试验方法 第 2 部分: 燃烧法[S]. 北京: 中国标准出版社, 2007.

[21] 上海市毛麻纺织科学技术研究所. GB/T 2910.11—2009, 纺织品 定量化学分析 第 11 部分: 纤维素纤维与聚酯纤维的混合物（硫酸法）[S]. 北京: 中国标准出版社, 2010.

[22] 医院医用织物洗涤消毒技术规范 WS/T 508—2016[J]. 中国感染控制杂志, 2017, 16（7）: 687-692.

[23] 唐世君, 杨中开. 废旧纺织品回收及其再利用技术[M]. 北京: 中国纺织出版社, 2016.

[24] 赵国樑. 我国废旧纺织品综合再利用技术现状及展望[J]. 北京服装学院学报(自然科学版), 2019, 39（1）: 94-100.

[25] 郭燕. 我国废旧纺织品回收及再利用现状和建议[J]. 棉纺织技术, 2013, 41（4）: 59-61.

[26] 严衍禄. 近红外光谱分析基础与应用[M]. 北京: 中国轻工业出版社, 2005.

[27] 吴俭俭, 孙国君, 谢维斌, 等. 红外光谱与拉曼光谱技术在纤维定性

分析中的应用[J]. 丝绸, 2013, 50（7）: 27-33.

[28] 顾明明, 赵凯, 贺燕丽. 欧洲废旧纺织品回收利用现状及启示[J]. 再生资源与循环经济, 2016, 9（5）: 41-44.

[29] 田琳琳. 纺织品消毒方法对其结构性能影响的研究[D]. 北京: 北京服装学院, 2019.

[30] 黄方雁, 廖正福. 增粘回收PET专用扩链剂研究进展[J]. 塑料科技, 2017, 45（6）: 101-105.

[31] 上海宝利纳材料科技有限公司. 一种以回收聚对苯二甲酸乙二醇酯为基体的高韧性工程塑料及其制备方法: 中国, CN200910048801.4[P]. 2010-10-06.

[32] 王少博, 王华平, 王朝生, 等. 一种再生聚酯纤维的制备方法开发: 中国, CN104357938B[P]. 2016-06-15.

[33] 钱军, 邢喜全, 王方河, 等. 一种废塑料调质调粘系统: 中国, CN102093590B[P]. 2012-05-30.

[34] 戴泽新, 戴梦茜, 王华平, 等. 一种有色再生聚酯DTY丝的制备方法: 中国, CN108505128A[P]. 2018-09-07.

[35] 钱军, 林世东, 邢喜全, 等. 废旧聚酯纺织品循环利用技术的发展[J]. 纺织导报, 2016（7）: 61-64.

[36] 刘红茹, 陈昀, 张丽平. 碱性水解法分离废弃涤棉混纺织物工艺研究[J]. 合成纤维工业, 2014, 37（5）: 19-22.

[37] 赵明宇, 张晨曦, 赵国樑, 等. 废旧涤棉混纺织物的循环醇解工艺研究[J]. 合成纤维工业, 2016, 39（1）: 15-18.

[38] 路怡斐, 武志云, 汪少朋, 等. 乙二醇分离回收废弃涤棉混纺织物[J]. 聚酯工业, 2014, 27（4）: 21-24.

[39] 周文娟, 张瑞云. 涤棉织物在NMMO溶剂中的溶解及溶液性能[J]. 纺织学报, 2011, 32（8）: 30-37.

[40] 荣真, 陈昀, 唐世君. 离子液体溶解法分离废弃涤棉混纺织物[J]. 纺织学报, 2012, 33（8）: 24-29.

[41] 李丽, 杨中开, 唐世君, 等. 废旧涤棉混纺织物稀酸法分离工艺研究

[J].合成纤维工业,2014,37(6):6-10.

[42] 张美玲,史晟,侯文生,等.水热法分离回收废旧涤棉混纺织物的研究[J].上海纺织科技,2017,45(9):33-37.

[43] 汪少朋,甘胜华,李现顺,等.上海聚友化工有限公司,一种废旧涤棉纺织品连续化分离回收装置及工艺:中国,CN201410621070.9[P].2015-02-04.

[44] Sweden Case Study Analysis of National Strategies for Sustainable Development. https://www.iisd.org/pdf/2004/measure_sdsip_sweden.pdf.

[45] https://www.avfallsverige.se/in-english.

[46] A Swedish Strategy for Sustainable Development – Economic, Social and Environmental. https://www.government.se/49b73c/contentassets/3f67e0b1e47b4e83b542ed6892563d95/a-swedish-strategy-for-sustainable-development-summary.

[47] The Swedish climate policy framework. https://www.government.se/495f60/contentassets/883ae8e123bc4e42aa8d59296ebe0478/the-swedish-climate-policy-framework.pdf.

[48] Treatment methods.https://www.avfallsverige.se/in-english/treatment-methods.

[49] Swedish Waste Management-An Overviewhttp://www.mppcb.mp.gov.in/Presentations4-6-7-2018/mswmswedenklas.pdf.

[50] Swedish Waste Management Association, Swedish EPA.https://sweden.se/nature/the-swedish-recycling-revolution.

[51] Avfall Sverige. Swedish Waste Management 2018https://www.avfallsverige.se/fileadmin/user_upload/Publikationer/Avfallshantering_2018_EN.pdf.

[52] https://www.filippa-k.com/globalassets/filippa-k-sustainability-report_2018_updated.pdf?ref=080A969CF4%3Fref%3D080A969CF4.

[53] https://houdinisportswear.com/en-eu/sustainability.

[54] https://tierra.com/.

[55] https://about.lindex.com/en/redesign/.

［56］https://www.kappahl.com/en-US/about-kappahl/sustainability/product-responsibility/textile-collecting/.

［57］H&M Group Sustainability Report 2018.https://hmgroup.com/sustainability/sustainability-reporting.html.

［58］宜家2030年可持续发展战略《益于人类，益于地球》.https://www.ikea.cn/ms/zh_CN/pdf/sustainability_report/IKEA_Sustainability_Strategy_People_Planet_Positive.pdf.

［59］https://www.kappahl.com/en-US/about-kappahl/sustainability.

［60］KappAhl Sustainability Report 2012/2013, p12. https://www.kappahl.com/en-US/about-kappahl/sustainability/responsible-fashion/sustainability-report.

［61］https://www.kappahl.com/en-US/about-kappahl/sustainability/you-can-do-your-bit/our-textile-collection.

［62］http://mistrafuturefashion.com/what-we-do/.

［63］https://circulardesignspeeds.com.